Living Forever Chic

法國女人
永恆的魅力法則

保養、穿搭、料理、待客、布置，
教你如何日日優雅，風格獨具，**從容自在的法式生活藝術**

蒂許・潔德 Tish Jett　著
韓書妍　譯

給我親愛的 Ella

CONTENTS

前言
INTRODUCTION

如何——以及為何—— 要永遠活得時尚？

　　隨著每年生日過去，我發現自己人生中最重要的目標之一，就是內心的寧靜。我希望身處的環境與人際關係皆平靜祥和。我希望衣櫃精簡又能應付各種場合，彩妝和保養更有效率，居家環境則是井然有序又漂亮舒心的殿堂。換句話說，我期待我的生活就像法國熟女那樣，過得從容、美麗又不費力。

　　法國人有個專門用語形容這樣的狀態（當然有，法國人對任何事都有專門用語）：「生活藝術」（l'art de vivre），最根本的意思就是「美好生活」。而「法式生活藝術」涵蓋了一切，從如何自我管理，到如何穿著打扮、款待客人、打理與操持一個家。當我們有自覺地培養與讚

頌「生活藝術」，我們的生活就會更加富足。生活的各個面向都充滿「生活藝術」的要素，從發自內心尊重他人、應對恰如其分，到款待、穿著與布置家居的藝術。

我的第一本書《Forever chic：那些法國女人天生就懂的事》把重點放在向有一定年紀的法國女人師法美容、時尚、飲食與運動。而在這本書中，我納入更多美好生活的概念，將之做為我的目標，去了解法國熟女如何在生活中實踐「生活藝術」。畢竟她們是為下一個世代（以及他們的父母）樹立榜樣，一如更早之前她們的母親、姑姨、祖母的作為。她們是家族傳統和文化傳承的歷史學家。她們優雅洗鍊的無聲典範，總是大大激勵著我。

生活中有許多面向是我們無法掌控的，不過還有更多能夠提升生活品質的細節掌握在我們手中。法國熟女比誰都了解這點。多年來，朋友與我從帶著幼兒的年輕女人，轉變為成年人的母親，孩子已經和我們當年相識時一般年紀了。現在我們毫無疑問的可以被稱為熟女，我們之中不乏晉升祖母輩者，而這一切只為我們的人生帶來另一層次的滿足與目標。

長年住在法國並觀察這些女性，我學到只要在細節上多付出一點點心力，就足以造成極大改變，為日常生活帶來更多享受與美麗。隨著效法法國友人們在生活中實踐的驚人紀律，像是細心打點自己和住家的每日小習慣，我感到知足並獲得快樂與平靜。

我經常說，紀律才能令人自由。可以藉由一些簡單的家事，有意識地選擇避免混亂，例如維持衣櫥整齊；打造

聰明又實用的衣著搭配；擦亮銀器，除非你像某些法國女人一樣，偏愛銀器未擦亮的古舊感；規劃井然有序（且香氣迷人）的家居織品櫃；補充廚房和冰箱裡的常備食品，讓手邊隨時有三兩樣能快速變出一餐的食材；打造沒有雜物、搭配漂亮舒適家具的客廳──一切都很簡單，只是若少了這些微小但不間斷的心力付出，我們的生活就會不知不覺陷入混亂。

確實，我們的每日行程經常被費時又耗力的責任和需求搞得更加複雜。時間是最寶貴的奢侈品，因此節省時間才是優先考量。我們之中，誰不曾感到準備真正的一餐需花費太多時間和精力？這就是披薩發明的原因，但不表示可以讓披薩盒端上餐桌。只要擺上布質餐巾、漂亮的餐墊，在餐桌中央放些裝飾，搭配淋上週末事先做好油醋醬的簡單沙拉，十分鐘不到就能變出高尚的一餐。

法國女人透過經驗，了解到我們可以設計自己的生活風格，創造出享受又愉悅的生活空間與體驗。

規劃是關鍵，紀律不可少。

在上一本書《Forever chic：那些法國女人天生就懂的事》中，我曾寫過自己最好的法國朋友安，當時她是六個小孩的母親，現在則晉升為十三個孫兒的祖母，是兩戶優雅家居的女主人，有時還扮演室內設計師，而且從我們相識（我和女兒抵達法國幾個月後）的那一刻起，她一直是我的繆思女神。

如果我大力讚美她如何維持住家的完美秩序，她只會淡淡地說：「要是無法維持一切的秩序，我就無法享受生

活。因此我必須保持紀律，否則就沒有時間留給自己，現在也不會有時間坐在這裡，和你喝杯小酒聊聊天。」

那我們對世界又是如何呈現自己的呢？如果我們學會並接受法國熟女都很清楚的事情──好好打扮以展現自我個性與達到某種目的，和我們的年紀、擁有的衣物數量或價錢「從來沒有」直接關係，而是要能深思熟慮地挑選最能突顯自己優點的衣物。打起精神，穿上一套自己最愛的「毛衣－絲巾－長褲和芭蕾平底鞋」組合，再擦上指甲油、略施

「我不希望穿著隨便，否則我也會覺得自己很散漫隨便。」

　　──時尚大帝
卡爾·拉格斐
（*Karl Lagerfeld*）

脂粉、整理好頭髮、噴上香水；或是穿著睡衣癱坐著，亂七八糟的紮個馬尾。不管是否要出門，我的感受將是兩個截然不同的世界。不僅如此，到了這個年紀，我們或許已經有不二之選的「制服」，因此穿衣並非難事。我很清楚自己是如此，而這些「制服」最能增加自信心。（關於這個主題，如果你需要花點力氣整頓衣櫥，請參見第六章＜法式風格＞。）想要以穿衣反映個人風格不一定是難事，而且對提振精神也很有幫助。你很快就會發現這點，這可是會上癮的。

在生活中，有時候我們只想要簡單就好，有時候則樂意多花費心力，從打扮方式、在例行保養中寵愛自己，到款待客人和妝點居住空間皆然。兩者並不矛盾。那我們的

家呢？千萬別以為，在家中打造一處舒心迷人的放鬆空間必然要花大錢，這其實和打理衣櫥沒有兩樣。無論預算多寡，好好生活關乎的其實是渴望和巧思。優雅生活就是這些小小奢侈帶來的最佳回報。

我的職業生涯剛起步時，雇用我的女性告訴我，每天傍晚離開前要把辦公桌收拾整齊，如此一來，隔天早上當我到辦公室時，桌子看起來就像是在歡迎我的到來。時至今日，我仍會收拾家中的工作室，即使只是整理好成堆的筆記和書本。這樣當我來「上班」的時候，就會感覺自己非常有條理。

在接下來的篇章中，你會發現許多專家補充提供了相當可觀的建議，不僅關乎如何培養「生活藝術」，也關乎優雅、「處世智慧」（savoirfaire）、以及自然而然的結果——「愉悅生活」（joie de vivre）。我花了許多時間，與這些時尚名人、美容專家、調香師、米其林二星和三星主廚（與享譽國際的葡萄酒、乳酪、甜點大師）、世界知名的社交女主人、才華洋溢的花藝師、高級訂製家居織品的藝術總監、室內設計師、園藝造景家、穿著與保養喀什米爾的權威、幽默感十足的上流社會觀察評論家、「高尚教養」（les bonnes manières）的專業教授與捍衛者，還有其他許許多多人物來往相處。

本書中，我將分享自己 —— 還有女兒（她回到美國後，將孩提時代在法國學到的一切應用在生活中）—— 畢生所學，以及我的人生如何因在法國生活而更加豐美。我是長居法國超過三十載的美國人，恰好擁有特別的觀點，

在這個以意想不到正面的方式徹底改變我人生的文化中，做個客觀的局外人觀察者（我盡量）。只要決定將「生活藝術」和「愉悅生活」當作自己生活的優先考量，你我都有能力每天創造大大小小的幸福與滿足。

請別誤會我的用意。我想以一個熟女的觀點，寫出在法國生活令我欣賞和珍視的部分；但造成一種我們如何、他們怎樣的對比情境絕對不是我的目的。我的本意是分享我所學到的，並解釋為何我相信這些經驗能夠更加豐富我的生活。

如果你們欣賞並嚮往法式生活藝術的某些面向，但是認為太難以達成、太耗費時間，或是太複雜，就讓我來破除你們的迷思。這是一個付出時間獲得回饋的公式：只要費一點心力，就能擁有很大的滿足與樂趣。

相信我，如果我做得到，任何人都能做到。

歡迎各位再次蒞臨我的世界，並感謝你們加入我的行列。

CHAPTER

1

法式生活藝術：
傳達美好生活的哲學

L'Art de Vivre à la
Française

　　數十年來，法國熟女已能駕輕就熟地將美好生活的藝術融入生活的各個面向。她們從母親和祖母身上——就我所知，有些還是從曾祖母——學到優雅生活的重要。

　　家族傳統和世代之間的尊重至今仍然存在。這點在我已經邁入五十大關的法國姪女亞麗珊卓，與她三個已成年的女兒和兩個孫兒身上就能瞧見。週日午餐、節慶、假期……不僅能讓家中長輩——現在只剩下她婆婆——感到開懷，也為家族年輕成員製造許多愉快的活動。在大家庭中，我們最引頸期盼的就是參與這些歡樂時光。

　　一如你猜想的，我確實對法國人稱之為「生活藝術」這眾所皆知的美學著迷不已。每一位我認識的法國熟女，以及我曾經採訪的每個人，都異口同聲地認同這正是活出

精彩豐富人生的不二法門——完全不會綁手綁腳，反而充滿自由呢。

L'art de vivre 其實比字面上的意思（生活藝術）更複雜些，稍微思考一下，就會發現這個句子不足以提供有用的訊息。

不，在法文中，*l'art de vivre* 意指有意識地感受我們周遭的世界，就能讚頌並欣然享受每一個季節和每一個日子帶來的精彩豐饒。

這反映了浸淫在「某種存在方式」（une certaine manière d'être）的傳統。法式文化包含家庭、美食、居家布置、餐桌藝術、愛好自然、風流、優雅，以及天生珍愛各種事物的特質——包括了像乳酪和奶油這樣的日常食物，到香水和珠寶之類的奢侈品。

然後還有法國女人，特別是上了年紀的法國女人，流露獨特又非常個人的法式生活藝術，在全世界已經成為「高尚教養」的象徵，也就是進退得宜、舉止優雅又從容。

法國熟女延續「生活藝術」的方法，則是透過學習和運用部分「處世智慧」——法文 *savoirfaire* 最貼切的翻譯是「在任何場合的言行舉止都不失分寸的能力」。一如其定義，這點包括尊重、謹慎以及善意。舉例來說，我認識的法國女人處世極為圓滑。她們了解每個家庭多少都有一兩個「難搞」的成員，因此會以極為機敏的禮貌對待他們，如果對方有任何冒犯之意，法國女人也會裝作不懂其動機，讓對方碰個軟釘子。親眼目睹時真是相當精彩。

四十多歲明豔照人的卡蜜・米切莉（Camille Miceli）

是路易‧威登（Louis Vuitton）的珠寶創意總監，她對生活藝術自有一番不落俗套的見解，她說：「這是智慧的自由，對你的信念充滿勇氣，承擔並捍衛你的主張，不過前提永遠是態度和善、尊重他人。」

在我的訪談中，說明「生活藝術」時，一再提及歷史的重要性，文化習俗以及和過去的關係，都是構成現在與未來不可或缺的部分，而這也正是法國人極力維護的。這並不代表其他的文化習俗一成不變，也不表示法國人不現代、不創新、毫無好奇心。*Au contraire*（恰恰相反）。

有哪個國家有這種眼光和勇氣，選出一位三十九歲的總統，引領全國走向未來？2017 年 5 月 7 日，選民將這個使命交託給艾曼紐‧馬克宏（Emmanuel Macron），法國有史以來最年輕的總統。這只不過是他們對悠久法國價值致上的最高敬意。

馬克宏總統的夫人布麗姬是一位美麗熟女（她比丈夫年長二十四歲），她的衣著與溫暖開明的態度，在在展現法式優雅的最佳典範。國際媒體著迷於這對佳偶的愛情故事。我也好愛看著他們同進同出。

法國人究竟是什麼？

法國人集合許多複雜的特性於一身，我只能說有如希望和實用主義的混合體。他們是充滿哲學精神的群體。一如蘇格拉底，法國人有探討不完的問題，幾乎萬事萬物

皆可探討,他們經常討論毫無道理的枝微末節(就我看來),哲學化某個情況的為什麼、也許、何不,然後才決定下一步。解構謎語是高級娛樂,每天在政論節目中都能看到:*Oui, mais……*(沒錯,但是……),就是人們同意彼此的方式。

然而,這個過程總能激起我的興趣,讓我驚豔連連。在法國,智力體操可是一項充滿競爭性的活動。對話有如藝術,而所有法國女人皆深諳此道。

一般而言,法國人極富想像力與洞見,他們的生活經常能完美結合過去、現在以及未來。這就是法國人如此有趣的原因。同時在發明全然現代化的創新之餘,也不忘保護他們最優秀的文化遺產,無論是食物和服裝,或是光纖和高速鐵路。

再以妝點居家為例,法國女人最喜歡融入往日風情,以代代相傳的路易十四櫥櫃,搭配建築師埃羅・沙里寧(Eero Saarinen)的鬱金香(Tulip)系列桌,和設計師菲利普・史塔克(Philippe Starck)的 Ghost Chair 透明椅。誰說不可以呢?

「文化遺產」也是法國家庭生活中非常珍貴的元素。年紀輕輕就守寡的卡蘿・杜瓦-樂華(Carol Duval-Leroy),一肩挑起傑出的同名香檳廠 Duval-Leroy。「我們的名字掛在 Duval-Leroy 瓶身上,這就是名譽。」她說:「我們的名譽是最寶貴的。」她現在和已成年的兒子們共事,孫兒們偶爾會在她工作時到她的辦公室玩耍,他們將是肩負家族傳統的第七代傳人。Duval-Leroy 香檳是其家族

歷史不可或缺的元素，一如我和卡蘿與她的兒子們一同啜飲品牌香檳時所了解的，這就是他們的日常「生活藝術」。

高尚教養

搜尋良好教養的簡單定義時，經常會出現「善意」這個詞。這點自然是禮貌和禮儀的基礎。舉例來說，我和卡蘿‧杜瓦－樂華的午餐接近尾聲時，她對我說：「我可以打電話給一些人，或許對您的書有幫助？」

於是她打給大名鼎鼎的甜點主廚皮耶‧艾曼（Pierre Hermé），他的名字幾乎可說是全世界最好吃的馬卡龍代名詞；羅萊夏朵精品酒店集團（Relais & Châteaux group）的總裁菲利浦‧剛伯（Philippe Gombert）；還有巴黎布里斯托酒店（Le Hôtel Bristol）的米其林三星主廚艾瑞克‧佛萊匈（Éric Fréchon）。

她的電話引薦了我，使我得以立刻進行這些人的採訪。有時我認為法國人含蓄的性格，經常被誤解為冷淡或不友善。但就我多年的經驗來看，我幾乎要被他們的善意寵壞了。

Les bonnes manières —— 高尚教養，也是一種選擇：選擇以某種方式呈現自己，同時理解到自己的行為也務必盡善盡美 —— 若個性粗魯傲慢或輕蔑他人，那是外表也無法掩飾的。

為了進一步鑽研生活藝術中的好教養，我找上一位專

家，並在巴黎的蘭卡斯特酒店（Hôtel Lancaster）與她喝茶共度午後。艾爾班娜・梅格列（Albane de Maigret）是備受敬重的權威人士，專門研究高尚教養的過去與現在——還有，她深深期盼的未來。與她對談實在太令人著迷，她形容 *l'art de vivre* 就是對滲透生活的歷史意義最法國式的感受。

「法國人浸淫在歷史中，因此很重視某些流傳至今的價值。」她說：「好教養和紳士風度讓生活愉快多了——很遺憾地，後者越來越少見了。」

幾天後我和史岱凡・柏恩（Stéphane Bern）見面喝咖啡。多年來，他始終是我最欣賞的法國男人之一，不過我們從來沒機會在路上不期而遇。多虧我的朋友法蘭索瓦茲・杜瑪（Françoise Dumas）才達成任務。見面前我不斷祈禱我不會失望。

我沒有失望。

史岱凡是精彩的法國電視節目《歷史的祕密》（*Secrets d'Histoire*）主持人，更是貨真價實的活百科，舉凡生活藝術、外交禮儀、貴族以及高尚教養無一不通。他曾獲頒法國藝術與文學勳章、摩納哥格里馬第（Order of Grimaldi）勳章，以及大英帝國勳章（OBE）。

身為法國歷史和多國外交禮儀的專家，他的訪談內容豐富精彩，他也是巴黎高級派對最熱門的賓客。事實上，有些主持人／主辦人無法完全確定某些晦澀的外交禮儀程序時，無論是依照賓客的榮譽等級該鳴放幾發禮槍，或是貴賓的餐桌座位安排，他們都會打電話給他。有史岱凡做為晚餐派對的坐上賓，絕對錦上添花。

在過去，據說某些野心勃勃的女主人會邀請居住在巴黎的溫莎公爵夫婦參加晚宴，藉此彰顯她們的名氣，然後會送一件兩造同意的珠寶給公爵夫人，藉此敲定交易。正式接受邀請後，女主人便以公爵夫婦為中心打造賓客名單，然後 *voilà*（就這樣），她的社交地位便更上一層啦。

能以史岱凡‧柏恩為中心打造晚餐派對的女主人絕對是最幸運的。

如同前面提過，當我問「您如何定義法式生活藝術呢？」，史岱凡的完美回答如下：「法式生活藝術是教養與優雅的一環。某方面而言既定成俗，但同時又能配合每個狀況的需要和規定。」

「高尚教養、處世智慧、知進退與尊重他人，這些並不是約束；這些反而是令人舒服的舉止，最後更帶來自由。知道如何應對各種場合，其實是一種自由的形式。」

法國人了解到許多情況下其實可以稍微調整言行舉止，同時保持禮數和尊重的大原則。初次見面的女士（madame）、先生（monsieur）、小姐（mademoiselle）等既定稱謂，以及每天與店家和熟人互動中的「您好」和「再見」，即完美反映了這些讓生活更便利的社交禮儀。孩子還很小時就被教導在 *bonjour*（日安／您好）的後面一定要加上適當稱謂，例如：「日安，女士；再見，先生。」（Bonjour, madame ; Au revoir, monsieur）。

如果一時忘了某人的名字怎麼辦？不需要名字，女士、先生和小姐就能解決難題。很不幸的，美國人在這方面沒有退路。

品質：從簡單到不凡

廣泛討論「生活藝術」時絕不能忽略的另一個細節，就是「品質」。

品質的定義是「某人或物與其他相似物品比較之標準；某人或物的優秀程度。」此番定義也適用於無形的事物——像是無可挑剔的教養和為他人著想——與讓生活更迷人有樂趣的事物。

任何事物都要追求品質，無論你如何詮釋——可能是一只金手鐲、來自曾祖母或跳蚤市場的老亞麻大餐巾、家傳的水晶花瓶、香奈兒（Chanel）短外套、祖母的刺繡晚宴包、素樸陶瓶中的大把庭園鮮花、四股紗的喀什米爾披肩、親手寫在漂亮紙張上的貼心字條——這些都是能讓生活更豐富的方式。法國熟女知道，只要圍繞身邊的都是美好事物，自然就會心滿意足。

別忘了，我們就像是自己生活的策展人，當然可以不甘平庸，選擇漂亮的事物。

品質在法國備受推崇，甚至設立特別獎項，榮耀這些在特殊領域創造不凡成就的菁英以示敬意。其中一個成立於將近百年前的獎項，就是 Meilleurs Ouvriers de France（MOF，法國最佳職人）獎章，向全國最頂尖的手藝職人——無論男女——致上崇高敬意。這項針對卓越能力頒發的獎章是全世界獨一無二的。今日，除了備受珍視且尚

未失傳的古典技藝外，許多更新穎、現代以及高科技領域的職業，也被列入這份專業名單。MOF 頒發給各種事物的最佳製造者，從乳酪和甜點、玻璃工匠和銀器製作，到織品設計和珠寶工藝。每一類獎項都有三種獎牌，分別是金牌、銀牌和銅牌。

我們家中冰箱裡的卡門貝爾（Camembert）乳酪，還有奶油盅裡的海鹽奶油，可都是金牌加持的呢！

然後便有了和諧

如果我們的生活能維持完美的和諧，世上一切將安然順利，儘管人生有時就是要擾亂這份平靜滿足的生命之流。不過，我的友人以及我絕大多數的採訪對象，皆不約而同地談到和諧之於把生活過好的重要性。

從法國最大苗圃之一的總監吉爾・奧丹（Gilles Odin）、羅萊夏朵總裁菲利浦・剛伯，到名氣響亮的米其林三星主廚米歇爾・蓋哈（Michel Guérard），幾乎每個人對生活藝術的定義都少不了「和諧」。

「我建議到森林中散步，」吉爾・奧丹說道：「珍惜大自然是生活藝術中很重要的部分。」

香緹，我的親密好友，每天都會帶著她的三隻狗到朗布耶（Rambouillet）森林「至少兩個小時，」她說。

我的藝術家好友艾迪絲和我的法國姪女在週日午餐後，都會到森林和原野散步將近一個小時。無論下雨飄

雪、酷熱嚴寒，都不成問題，什麼都阻止不了她們，總是有能應對氣候的服裝。

菲利浦・剛伯說他放眼望去盡是和諧：「就在我們身邊，像是菜圃、餐桌陳設、花束、熟度正好的水果。想想羅萊夏朵的成員們堅守的管理原則。我認為這些原則完美陳述法式生活藝術：平靜、從容、迷人、料理還有個性。我相信這些非常適合作為人生的究極目標，你不認為嗎？」

我確實如此認為。

「同時也要記住，」他補充：「傳承對我們而言非常寶貴，我們保存往昔的某些方面，包括對一定品質生活相當重要的儀式。例如，聯合國教科文組織（UNESCO）就保護了我們的料理文化遺產。」

2010 年，UNESCO 宣布法國多道料理組成的美味饗宴──以及其餐桌禮儀和料理的呈現，完全符合被囊括在崇高的「世界無形資產」名單的條件。UNESCO 的這份名單旨在保存文化習俗，一如其致力於保護文化價值或壯麗自然景觀。法國當時的 UNESCO 大使是凱瑟琳・柯洛娜（Catherine Colonna），她注意到法國人很喜歡聚在一起享用美食佳釀。「葡萄酒和菜餚如何搭配、餐桌如何擺設，水杯、紅酒杯和白酒杯各有其位，叉齒朝下擺放，這一切都被視為儀式的一部分。」她說。

法國阿朗松（Alençon）的蕾絲製作、歐比松（Aubusson）的綴織掛毯、布列塔尼的傳統舞蹈，以及「法國傳統馬術」皆受到 UNESCO 的保護。我有點意外的是，高級訂製服及服裝裝飾的藝術和工藝沒有被包含在法

國無形資產。也許有一天會吧。

　　毫不意外的，我遇見的每個人幾乎都提到大使說的「享用美食佳釀」。我一定會把這點加入我對「生活藝術」定義的提問。

　　我曾經分別訪談米歇爾・蓋哈和克莉絲汀（Christine Guérard）夫婦檔──他是世界最知名的主廚之一，她過人的精緻品味與優雅則倍受推崇，這對夫妻認為和諧就是他們的法式生活藝術之道。

　　「試著每天都開開心心，」他說：「要有意識地讚頌與他人的正面關係，絕對不要起衝突，要不斷追求和諧。」

　　「我不希望悲哀地度過自己的人生。」克莉絲汀說：「世道艱難，看看周遭就能明白這點，但是我仍相信浪漫的美妙。我會布置我們的家和旅館，試著營造浪漫氣息。和諧又帶點大膽狂傲的概念很吸引我，我始終努力保有孩提時代的好奇心。兒時沉浸在童話故事裡，讓我感受到永遠難忘的喜悅。我盡量轉化這種感受，將之注入我做的事情裡。」

　　蓋哈夫婦雙雙獲頒 1802 年由拿破崙一世（Napoléon Bonaparte）創立的國家榮譽軍團勳章（Ordre National de la Légion d'Honneur），最初做為軍事榮譽，後來轉為頒給在不同領域有特殊貢獻者。

　　尚－安德烈・夏利亞（Jean-André Charial）是萊博德普羅旺斯酒店（Baumanière les Baux-de-Provence）的所有人，也是自家餐廳 L'Oustau de Baumanière 的米其林二星主廚，他與妻子珍薇葉（Geneviève Charial）在普羅旺斯打

造了一方小天堂，兩人都非常珍惜這份幸福。

「這裡的一切都反映了生活藝術和愉悅生活，」他說：「我很相信某個地方的力量。每天我都會看看光線，逛逛我的菜圃、橄欖園，呼吸新鮮空氣和感受平靜。珍薇葉和我正被放眼所見的處處美好環繞著。」

至於珍薇葉，她則談到他們飯店環境的「魔法」：一部分是大自然；一部分是透過她的藝術慧眼自己製作，用來布置房間和客房。她也再度提到和諧：「對我來說，和諧是生活中最重要的目標。料理、家中餐廳和飯店房間與套房的布置陳設、我們說話的方式、我們呈現自己的方式，處處都是和諧。」

室內設計師賈荷·古爾東（Jahel Gourdon）形容生活藝術就是「因暖心的環境、美妙的一餐、出色好酒而產生的舒適感受。」

「氣氛也是法國人選擇餐廳時的考量。」她補充道：「我們喜歡溫暖的氣氛、特別的場所、靜心的音樂。」

崇敬文字

Le mot juste —— 精準字眼，意謂在各種場合中以精準的字眼表達自我，這在法國幾乎是家常遊戲。找尋最完美的字詞是法國人偏愛激辯的延伸。我的訪談中，觀察家一再

提到最出色的法國女主人們，各個都是「精準字眼」和如珠妙語的大師，女主人們的名氣一部分來自於此。據說，這也是為何人人都希望成為她們派對的座上賓。這些女主人們大部分都是有一定年紀的熟女。

由於熱愛文字和語言，對法國人，尤其是法國熟女，鍾情並喜歡讚揚書本也是很合理的事。

自古法國文學便備受推崇，是「生活藝術」的本質。

兩個評價極高的電視節目，經常依照主題談論最新出版的書籍，引發來賓們的熱絡對話。除了國際大獎，法國國內就有五大文學獎。最令人夢寐以求的是龔固爾文學獎（Prix Goncourt），然後依序是法蘭西學院文學大獎（Grand Prix du Roman de l'Académie Française）、荷諾多文學獎（Prix Renaudot）、費米娜文學獎（Prix Femina）、梅蒂奇文學獎（Prix Médicis），以及行際盟友獎（Prix Interallié）。最近我從巴黎飛往波爾多時，坐在龔固爾學會祕書長瑪麗·達芭迪（Marie Dabadie）鄰座，有幸與她對談。

「龔固爾文學獎可以帶來至少 30 萬本的銷售量，」瑪麗告訴我，提到最新得主的書賣出超過 80 萬本。「那本書寫的極好。」她補充。我向來知道法國人對文學的熱情，但是我完全不曉得除了這五大文學獎，竟然還有將近 1,200 個文學獎讓作家們爭相贏取。

我參加的法式晚餐宴會中，幾乎沒有一場不是以某人談論最近他或她讀了哪本書作為開頭，尤其是眾人引頸期盼的書終於發行的秋季。

　　瑪麗也證實了我聽說的事情：女性是書籍的主要購買者、讀者以及贈與者。「數據顯示以三十到五十歲的女性為大宗。」她說：「我們很愛看書，然後會把書借給朋友，推薦並解釋為什麼我們認為對方也會喜歡這本自己剛看完的書。」當時她推薦以歷史小說《日常秩序》（*L'Ordre du Jour*）拿下 2017 年龔固爾文學獎的艾瑞克·弗亞爾（Éric Vuillard），她告訴我這本書絕對值得我費力讀法文版。

　　我的法國姪女不久前剛歡慶五十歲生日，通常同時看兩本書：一本是小說，另一本則是非小說。書籍是很受歡迎的禮物，而且幾乎所有的贈與者都看過送給朋友的小說，這樣才能解釋為何自己喜歡這本書。

　　「不確定時，送書就對了。」我絕大多數的朋友都將這句話奉為格言。對於什麼都不缺的朋友，書是最適合的禮物之一；至於書，任誰都不可能全部擁有。

風格和魅力

　　「生活藝術」中最主要的部分是以個人風格和魅力為主軸，法國熟女以這點最為人津津樂道。在法國，被認為迷人有魅力是對女人（或是像史岱凡·柏恩這樣的男子）的最高讚美。魅力是難以解釋但又極其容易理解的風采，一旦進入那個人魔法般的吸引力範圍，任誰都會深深著迷。譬如賈珂琳·瑞帛（Jacqueline de Ribes）、多瑞絲·伯連納（Doris Brynner）、泰麗·琅茲伯格（Terry de

Gunzburg），還有瑪蒂德・法薇耶（Mathilde Favier），個個魅力無法擋。她們的灑脫優雅各有不同，但都使她們擁有獨樹一幟的迷人風采。

我親愛的好友法蘭索瓦茲・杜瑪（Françoise Dumas）一輩子都被全法國最有型迷人的女性包圍著。

法蘭索瓦茲和她的事業夥伴安妮・胡斯坦（Anne Roustang）負責籌辦巴黎和摩納哥最華麗的派對。她們的客戶包括卡爾・拉格斐、香奈兒、貝納・亞諾（Bernard Arnault）以及 LVMH 集團旗下的品牌，從迪奧（Dior）、紀梵希（Givenchy）到嬌蘭（Guerlain）和 Château d'Yquem Sauternes 甜酒。她們曾為總統官邸愛麗舍宮規劃特別晚宴，為巴黎知名的社交女王如瑞帛女伯爵，以及摩納哥皇室與許多達官顯貴安排別開生面的慶典。

最近，她和安妮在巴黎的大皇宮（Grand Palais）為〈從蒙兀兒到印度大君〉（Des Grand Moghols aux Maharajahs）展覽籌辦豪華的開幕晚會，展出 270 件精彩絕倫的印度珠寶。

巨大餐桌上方的水晶吊燈、以美術館為背景的空間、出自艾瑞克・休梵（Eric Chauvin）的花藝、米歇爾・蓋哈的料理，還有精緻講究的餐桌布置，即使是跑遍世界派對的老手也不得不為之讚嘆。

我和慷慨的法蘭索瓦茲認識超過三十載，當年我在《國際先驅論壇報》（*International Herald Tribune*）擔任時尚與生活風格版的特約編輯，是《芝加哥論壇報》（*Chicago Tribune*）的巴黎特派記者，也在《Elle》做執行編輯（人年

輕時的能耐真是不得了啊⋯⋯）。我對她永遠懷著感恩之心，她幫助我打入洗鍊巴黎人的**上流圈**，當年我的法語程度只有不到二十個單字，連一個帶動詞的完整句子都湊不出來。

我為這本書採訪她時，她翻開自己的通訊錄，好讓我方便聯絡法國最出色的女主人和時尚指標。

「這是瑪蒂德的電話號碼，你一**定**要打給她。」她這麼說。於是我便照辦。

瑪蒂德・法薇耶是迪奧的 VIP 公關總監，超級有型，屬於時尚圈中那一小撮貨真價實的「巴黎女人」，表示她的風格令人驚豔，聰明慧黠，笑容自信，是常常在巴黎、紐約、洛杉磯各地，被攝影師追逐捕捉身影的巴黎女人之一。

她簡直如女神般迷人：帶點孩子氣、熱情、身材纖瘦、善良、任何時候都很時髦，總歸一句話：令人如沐春風。她就是魅力的精髓，蓬蓽也能生出光芒。

「生活藝術是關於講究、注意小細節、魅力⋯⋯同時也要對他人付出關心。」瑪蒂德說。

「例如當我規劃晚餐派對時一定會思考：什麼事物會讓客人們開心？他們會想吃什麼？我認為試著取悅他人是很重要的。布置漂亮的餐桌會讓人心情大好。我們家從小的身教就是要知道把餐桌和居家環境打理宜人有多重要。」

她也以同樣方式看待穿著：每天的打扮都是樂事，何不把自己變得賞心悅目呢？

我們初次見面是在她美輪美奐的巴黎公寓，一起喝

茶、享用馬卡龍，她的狗「果麥」坐在我的大腿上，我注意到她戴著三條長短有致的細項鍊。回到家後，拿出我的項鍊。我已經好多年沒有戴項鍊了。關於飾品，我是偏向手環和耳環派的。沒過多久，我在生日時竟然收到一條新項鍊，令我又驚又喜。現在我也會戴多層次項鍊。

接著，法蘭索瓦茲‧杜瑪跟我說：「你絕對要採訪多瑞絲‧伯連納，她真的很棒，你一定會愛死她。」

我照做了，我也的確非常喜歡她。而且她是瑪蒂德非常要好的朋友。

多瑞絲最近才卸下迪奧家居店舖總監一職，她為這個經典品牌注入了為人津津樂道、無懈可擊的個人品味、創意和膽識。前法國文化部長密特朗曾稱她為「時尚的象徵」。她確實當之無愧。

多瑞絲獲頒藝術文學勳章，為她響亮的名氣再添光環。

她認為詮釋迷人的生活藝術最好的方式，就是「無論身在何處，在能力範圍內讓自己活得精彩。」

這番建言出自多瑞絲之口，她曾是好萊塢巨星尤‧伯連納（Yul Brynner）的妻子、奧黛麗‧赫本（Audrey Hepburn）的摯友與她女兒的教母，此生都在全世界最華美的地方度過，和最光鮮風趣的人們打交道。

如果你見到她，一定會希望她是你的密友。多瑞絲溫暖直率，而且非常善良。我何其有幸能與她共度片刻時光。

「生活藝術無關奢華或金錢。」她說：「而是以同樣的方式對待每一個人，讓人們感到自在。我很受不了裝模作樣。從容自如、不拘謹造作才重要。」

A Living Language
活生生的語言

我認為保護一個國家的語言，就是其「文化遺產」的出色表現。地位崇高的法蘭西學術院（Académie Française）於 1635 年由黎胥留的亞曼－尚‧普雷希（Armand-Jean du Plessis de Richelieu）——即黎胥留樞機主教與路易十三的宰相——成立，是法國尊崇文字的最高典範。學術院由獲選的四十位終身制院士組成，專司各種關於法語的問題。

　　不過對於語言的敬重並不妨礙每年增加新的詞彙，使法語的字詞更豐富。像是修改發音、發明新的字彙、添加重音符號，以及某些拼字的改變，字典的頁數逐年增加。此處收錄一些新增加的字詞，或許你會覺得相當有意思：

UBÉRISER ／優步化：這不是指「優步」（Uber）使用者，而是職業全球化逐漸轉為個人化的新型態——部分法國人相當憂心。

TWITTOSPHÉRE ／推特圈：推特（Twitter）上的世界。

AQUABIKE ／水中飛輪：泳池中健身用的單車。我去游泳的地方，可以提前至少一天登記使用水中飛輪，不過如果遲到兩分鐘就取消登記，因為水中飛輪非常熱門。

RELATIONNISTE ／公關：雖然聽起有點像負責某人心理健康的職務，其實是負責處理公共關係。

ÉCOCITÉ ／生態城市：對環境友善的地域或社區。

ÉMOJI ／表情符號：應該不用我多做解釋。

FABLAB ／自造實驗室：不，這不是指「超棒的實驗室」（fabulous laboratory），而是製作——即製造（fabricate）——東西的實驗室。

AMBIANCER ／帶動氣氛：為活動增加氣氛。

GEEKER ／極客：幾乎大部分的時間都坐在電腦前的人。

SPOILER ／爆雷：和英文的意思一樣——不要告訴我這本書如何收尾，也不要透露我最喜歡的電視影集結局。

TROLLER ／酸民：意思同英文，在社群媒體上發表惡意言論者，通常是匿名。

YOUTUBER：字如其意，不過陰性形式為「youtubereuse」，多了些許「無以名狀」的法式魅力。

ZÉNITUDE ／禪心：這是我最喜歡的字，是陰性名詞，恰到好處地傳達上瑜珈課時努力達到的絕對寧靜平和狀態。

多數時候，「簡單」並不是最適切的形容詞，因為要不顯得太虛偽，要不就是無法充分傳達最真誠的讚美。不過當多瑞絲使用這個詞，你就會理解其寶貴之處。

「生活中各個方面，我都鍾愛簡單，從住家到服裝都是。」她說：「我從不追隨流行，對我來說沒有意義，適合自己的風格和生活方式更重要。過了某個年紀，我想我們都知道這一點。」

不同於許多時尚的巴黎女人，多瑞絲很喜歡色彩。我們見面茶敘的那天，她穿了一身鮮綠色大衣。整間餐廳充斥各種黑色妝扮的女人，而她是其中的唯一亮點。看著她打破成規，令人心情也隨之雀躍。

幾個禮拜後，我在一場為奧塞美術館舉辦、由法蘭索瓦茲和安妮操刀——主辦人是賈珂琳·瑞帛——的盛大派對上看見她。那晚，多瑞絲身穿淡紫和深晶紫的套裝。晚會上大部分的時間，她都被想要和她致意寒暄的女人和眾多男士們包圍。

晚會的前幾天，法蘭索瓦茲邀請我到木桐酒莊（Château Mouton Rothschild）參加一場如夢似幻的晚宴。因為她說：「我想你一定會喜歡這個夜晚，而且我覺得一定對你的書有幫助。」

她又說對了。我的偶像之一也在那場晚餐：氣質非凡的克莉絲汀·拉加德（Christine Lagarde），國際貨幣基金組織（IMF）的總裁。

我灌下一口香檳壯膽，站在她的仰

慕者隊伍尾巴等待，然後脫口說出我是克莉絲汀·拉加德的粉絲（絕無虛構），如果不會太失禮的話，是否能為正在撰寫的書問她兩個簡短的問題。

她謝謝我，再三保證我絕對沒有失禮——不過當下我或許真的有一點失禮，然後說：「晚餐後到我那桌吧。」

我問她是否能告訴我「法式生活藝術」之於她的定義。「這是優雅、愛自己，以及諷刺的結合。」她說：「諷刺是很重要的。」

你會在第六章關於風格和穿著的內容，讀到她對我第二個問題的回答。如果你對她搶眼的風格不陌生，就會明白為什麼。

美麗迷人的泰麗·琨茲伯格是四個孩子的母親、十個孫兒的祖母，最為人熟知的就是在聖羅蘭（YSL）擔任美妝系列藝術總監的時期，打造出明星產品。想到「超模聚焦明采筆」（Touche Èclat），就會想到泰麗。世界上每一個化妝品牌都有類似產品。如果可可·香奈兒（Coco Chanel）的「模仿是奉承的最高形式」觀點是對的，那麼泰麗在這方面簡直被捧到天上去了。1998 年起，她創立自己的奢華美妝品牌 By Terry，是內行人的夢幻逸品。

她同時也被公認是巴黎和倫敦最出色的女主人之一。

在她怡人的巴黎住家，我們喝茶吃草莓，天南地北地聊，從美妝到晚餐派對，當然啦，還有最重要的主題。（如果告訴你在籌劃這本書的過程中我喝下了好幾加侖的茶，真的完全沒有誇大。）

「去除人生中的虛榮面，就是獲得快樂的法門。」她

說：「我認為應該要重視情感面，而非物質；討人厭沒有任何好處。」

她全心相信化妝——不要過多——是生活藝術的另一個要求。（請參見第五章〈美麗的儀式〉將針對這點有更多說明。）

法國國王統治期間，宮廷裡外的女性利用化妝表達她們的意圖，彰顯社會地位。今日，化妝仍能顯示我們是什麼樣的人，以及我們希望帶給他人的印象。謹慎地使用化妝品，能夠增加女性的美，也能夠展現她的自信心——這就是真正的「生活藝術」。

尋找靈感

我有位超愛法國的好友瑪西，她總是提醒我，能夠「起而行」的訊息更有價值。確實，法式生活藝術固然是一種哲學，不過同時也是一種「目的」——換句話說，我們可以吸收有興趣的面向，將之轉化組合，定義出自己的生活藝術。

以下就是我自己如何將想法化為行動的方式：

❦ 在我的辦公室牆上掛上充滿法國風情的「靈感板」（inspiration board）。上面滿是照片、雜誌內頁、摘錄的法語句子、令我覺得深受啟發的整體造型、花束圖片、布置餐桌的點子、友人寄來

的法式風情明信片，還有賈珂琳·瑞帛寄給奧塞之友、上面印著塞尚的《紅背心男孩》的晚宴邀請卡等等。

❋ 我們的織品櫥櫃中，全掛著用美麗絲帶綁起的薰衣草束。我的內衣抽屜裡放有刺繡小香包，每年我都會填入來自自家花園新的薰衣草。我甚至還自製乾燥香花（potpourri）呢（第 227 頁有更多細節）。

❋ 廚房其中一層架上只放法文食譜書。我最要好的法國朋友安送我一本食譜書做為結婚禮物。那是我的第一本法文食譜書，不僅讓我學會如何烹調幾道經典菜餚，更為我增加字彙，並幫助我熟悉公制單位。

❋ 我自學了幾道簡單不失敗的食譜。賓客入座時，我的 entrée（前菜）已經全部都放在餐桌上。如此一來，招呼客人就容易多了。這招也是安教我的。我們的晚餐派對非常法式，意即一道接一道上菜，或者 à la française（法式風格）（細節請參見第四章〈款待〉）。

❋ 我有一個資料夾，裡面分門別類收集了食譜、餐桌布置靈感、葡萄酒文章還有套餐推薦。我會經常加入新資料，也會查閱這個資料夾。

❋ 我訂閱一些法文居家雜誌，如《Côté Ouest》、《Côté Sud》、《Côté Paris》，還有《Elle Décoration》。我也持續訂閱法文版的《Elle》

雜誌，每週出刊，很令人期待，通常也能讓我得到有用的資訊。我的先生叨念我，說我總是迅速翻閱，這樣花錢訂閱一點都不划算，他的抱怨並非全無理由。但他不知道，每當那些點子飛出書頁，我就會撕下來收入我的資料夾，或是釘在靈感板上。

✦ 我會定期閱讀法國生活和歷史的書籍，通常是英譯本。雖然我可以讀法文，但是我的法語程度大約只可閱讀報章雜誌和網路。歷史和小說對我而言相當困難，而且非常花時間，不得不說，這樣讀起來樂趣都沒了。

✦ 即使過了這麼多年，我發現每天還是會學到一、兩個新單字。我的單字量很豐富，無奈我的動詞時態變化完全不是這麼回事。

✦ 我以法國人為榜樣，某些食物和食譜只在秋冬製作，有些則只在春夏製作。事實上，冬天在巴黎幾乎不可能買到現挖的冰淇淋，這點令我深感可惜。

✦ 我會精心打扮。換句話說，我每天都會花心思穿搭。坐在這裡書寫本章時，我正穿著黑色長褲、黑色長袖Ｔ恤、跟先生「借來」的藕色拉鏈開襟毛衣、藕色帶黑色小點點的大圍巾、黑色芭蕾平底鞋，還擦了潤色保濕霜、用眉筆精心畫出漂亮的眉毛，因為我很不幸地從來沒有真正的「眉毛」；頭髮則綁成馬尾，還噴了香水。如果當天晚

一點要出門，只要稍微擦點我最喜歡的唇蜜，再
以有度數的太陽眼鏡取代眼妝就行了。

最後的建議

「生活藝術」和必須為其付出的心力並非只做表面
工夫，而是生活中多重面向的哲學。沒有人比我先生更
清楚這點，就像多年前我在個人部落格發表的文章＜My-
Reason-For-Living-In-France＞（我定居法國的理由）中提
到他曾說過的那些話。

他是這樣告訴我的：「只要我們敞開心胸，人人都有
能力讓美好的事物發生。例如你為了某些原因不開心，那
就出門，聆聽鳥鳴，觀察光線，探究草地上的露珠，深呼
吸，凝視你的狗狗充滿愛的眼神。培養欣賞並珍惜簡單的
美好的能力。即使在其他人沒有發現的地方，我們都能創
造幸福。重要的是學習如何觀察——真正地觀察，並且對
各種體驗保持開放的心態，讓自己浸淫在想像力中。」

你看，我每天都可以學到新事物呢。

CHAPTER

2

日日優雅：
讚頌生活中的
單純樂趣
Everyday Elegance

　　啊，**優雅。優雅就是簡單的最純粹形式**，表現出優美、精煉及某種魅力。它關乎我們的外表，也關乎我們的行為。優雅就是法式生活藝術的核心，這就是為什麼要更深入地另闢章節探討，如何將優雅融入我們的日常生活。

禮貌的角色

　　每當我在訪談中提到「優雅」這個話題時，大家提到的第一件事全都是在各個場合中恰如其分的行為。禮貌和優雅兩者密不可分。一個女人能夠擁有一整櫃的高級訂製服，在世界各地都有房子並以大師設計精品布置，花束

來自最知名的花店，食物則來自名氣最響亮的外燴店。但是如果這個女人缺少端莊舉止、輕蔑他人、喜歡吸引注意力、總是大聲說話、對他人的談話完全不感興趣、打斷他人對話，或是別人說話時她滿心只想著自作聰明的對答，那麼她一點也不優雅。

關於禮貌我最喜歡的解釋之一，來自十八世紀知名作家潔曼・斯塔艾（Germaine de Staël）。她是路易十六的財政大臣賈克・涅克（Jacques Necker）的女兒，也是巴黎最出色的沙龍召集人之一。她說「禮貌就是在各種反應中做出文明選擇的藝術。」

「禮貌就是在各種反應中做出文明選擇的藝術。」
——潔曼・斯塔艾

試想，如果我們總是不假思索說話，絕大多數的人都會和家人疏遠，朋友寥寥無幾吧？謹慎、善意、謙恭可以抑制心中不小心可能出現的壞念頭。斯塔艾女士閃亮的名氣是建立在她的聰慧風趣，以及珠玉般的談話內容上。關於她我可以沒完沒了地談下去，因為我拜讀過法蘭辛・浦雷希・格雷（Francine du Plessix Gray）撰寫的精彩傳記——《斯塔艾女士：第一位現代女性》（*Madame de Staël : The First Modern Woman*），非常推薦一讀。

舉手投足皆無懈可擊的泰麗・琅茲伯格——奢華化妝品和香氛品牌 By Terry 創辦人——說她每天都努力「成為更好的人。你懂的，並不是變得更完美，只是變得更好。我對任何類型的服務業者都心存敬意，非常討厭那些被寵

壞的人惡劣地對待他人。我越是受到寵愛，而且我在許多方面都極為受寵，在情感上我就越不虛榮。我知道如何活在當下。我明白任何事物都可能在彈指間消失殆盡。態度惡劣也沒用，我會消化掉那些惡劣行徑，然後走人，不會在糟糕的人身上浪費絲毫能量。我希望散發正面能量，身處其中。」她說道。你看，優雅的確是內外兼備的。

優雅是一份禮物

法國男孩和女孩從很小的時候，便被教導「禮儀規範」（formules de politesse）。我記得十年前曾到安和丹尼爾家吃過幾次晚餐，他們的六個孩子，包括年紀最小的——當時分別是四歲和五歲，在成人踏進屋內時會站著向我們打招呼，說 Bonjour, madame（日安，夫人）和 Bonjour, monsieur（日安，先生）——有時候需要大人引導，讓我總是覺得好可愛。

當然，這個觀念的用意是讓教養成為一種反射動作，如我們所知，必須再三重複，才能內化成自然的回應。

雖然法國有某些行為舉止的禮儀規定嚴謹，不過幾乎人人都同意，一旦學會了——也就是孩子還小時即不斷重複——就會養成習慣，自然而然就會變得有禮貌又尊敬他人。你可以說這真是囉哩八嗦，但是到頭來，這就像得到受用一輩子的禮物。雖然可能要無聊地重複幾百次，直到禮貌成為孩子舉止的自然反射，但是一切都值得。

　　「我要孩子和孫兒學習的舉止其實並沒有太多標準。」安告訴我：「那只不過以最有教養、最悅人的方式度過人生。我希望我的孩子，現在包括我的孫兒，都能明白良好教養與日常微小習慣的重要性，這些都能讓我們的生活更加愉快。」

　　最近一次的聖誕節慶，安和丹尼爾以及他們全家──二十六個孩子、孫兒、表兄弟姐妹──全都齊聚一堂歡慶「難得的盛宴」她說：「現在我們很不容易才會全員團聚，所以真的是很珍貴的時光。」當我對長達一週的家庭團聚提出一大堆問題時，她告訴我些許細節：「當然啦，每個人都為了聖誕夜晚餐精心打扮，你很了解我的。我們在餐桌上消磨許多時光，非常開心，而且大家都表現出最好的行為舉止。」她說。

　　艾爾班娜‧梅格列是 *savoir vivre* ──處世智慧的專家和教授，直接按字面解釋就是「了解如何生活」，但是在法文中的意思還包括善意、得體及「高尚教養」──強調與家人相敬如賓的重要性。「與家人以禮相待是愛與尊敬的表現。」她說：「我從來不懂為何可以用輕率隨便的態度對待最親近的人。言行舉止的準則非常重要。」

　　擁有「處世智慧」意謂機敏愉快的過好生活，面對任何狀況都能保持沉著有禮。如艾爾班娜‧梅格列指出，*savoir faire*（熟知或了解如何做某件事）讓你在社交場合中擁有自信和能力，進退得宜。結合兩者，無論和家人相處或置身公眾場合，都能讓你打下日常優雅的基礎。

優雅的內在與外在

「優雅就是內在和外在一樣美麗。」可可‧香奈兒曾如此表示。因此，在你認為優雅很做作或膚淺之前，要知道這可不是單純的表面工夫。我們的打扮方式會反映出個人的意圖和態度，是透露內心世界的方式。這點在居家生活亦然。精心布置的住家是優雅生活的精髓。我們的住處，應該從走進大門開始，就讓我們感受到身心靈的愉悅感。住家能反映出我們是什麼樣的人，牆內的細節應該是成就我們滿足感的要素。

法國熟女是真正的優雅標竿。她們觀察母親和祖母，從她們身上學到優雅，現在她們扮演楷模的角色，將優雅的薪火傳遞給孩子和孫兒。我見過她們如何在生活中各個面向設立標準，不單是布置住處，更是如何維持居家生活的方式。後者代表從容、有條不紊地打點家事，營造溫馨愉快的氛圍。

冷靜的優雅是法國女人的標誌——至少在生活中絕大多數方面她們都給人如此的印象。一切彷彿與生俱來，有些人我懷疑真是如此。譬如迪奧的公關總監瑪蒂德‧法薇耶，她的忙碌生活看起來就是這麼渾然天成。

「什麼是優雅？」她思索著：「絕對不要假裝成不是自己

「精心打扮就是禮儀的一種美麗形式。」
——可可‧香奈兒

的模樣。優雅就是努力找出自己的樣貌，並且忠於自我，從中得到更多力量。說話不要太大聲，要聆聽——記得一定要聆聽他人——並且保持謙遜。千萬不要以為優雅只是服裝或外表，從來不是這樣。服裝要因場合制宜。抱持正面態度，無論到哪裡、與任何人互動，都要心懷正面態度。留意自己的舉止，那是會洩漏底細的。而且永遠要以禮待人。」她補充：「我的母親非常優雅，而且她讓一切顯得非常輕鬆從容。」

瑪蒂德的生活五光十色，往來的友人客戶都是最頂尖的人物，能夠取得全世界最華美的衣物，還能出入巴黎最豪華的派對等等，或許人們會覺得她一定是嬌嬌女吧——畢竟也找不到其他更適合的字眼了。不過她不是。她溫暖、善良，毫不造作又迷人。她真正活出自己定義的優雅。她總是會立刻回電，盡快回覆電子郵件，而且總是很有禮貌，跟她同個圈子的巴黎人可不是各個都像她，尤其是時尚圈。

路易·威登的珠寶創意總監卡蜜·米切莉是瑪蒂德最要好的朋友之一，很容易就能明白為何這兩人交情如此深厚。她們散發正面的優雅光彩並且享受 *joie de vivre* ——愉悅生活，兩人總是笑容滿面。她們看似無憂無慮，身上散發出的光芒極富感染性。

卡蜜定義的日常優雅是「慷慨的藝術，時時刻刻展現善意舉止。當然也包括對待家人。」她說：「我今天早上六點就起床，為我的兒子準備特別的早餐，因為他今天有很重要的考試，我希望他一切順利——其實主要是因為我想

和他多相處一下。雖然我現在有點累，但是很開心。」

我們早晨會面時，一起欣賞著咖啡店桌上插著粉橘色康乃馨花瓶的精緻布置。不知道為何，這讓我們聊起芍藥，結果發現那是我們最喜歡的花之一。

「你知道芍藥喜歡被輕撫嗎？」她問我。我完全不知道這件事。接著她解釋，輕柔地撫摸芍藥會讓它們很開心，變得更美麗。這是不是很可愛？我想這個舉動也是另一個日常優雅的例子。

我們都能以輕柔的手勢和話語「撫摸」其他人事物，並且見到美好的結果。我一邊摸著我的狗狗，一邊說我多麼愛牠的時候，甚至可以看出牠的臉部表情起了變化。散播快樂有無限的可能性。

我並不認識委內瑞拉出生的設計師卡洛琳娜‧赫蕾拉（Carolina Herrera），不過我曾看過她走在紐約街頭。她的優雅相當俐落，妝髮造型完美無缺，和一般人認知中法國女人的隨性優雅很不一樣，雖然優雅可以有許多不同形式，不過很容易就能一眼辨認出差異。優雅就是外顯的個性。

提到卡洛琳娜‧赫蕾拉，是因為我認為她為優雅下的定義非常中肯，而且耐人尋味：「優雅不只是身上的衣物，而是你如何穿戴衣物，以及內在的你是什麼樣的人。優雅就是家居布置、往來的友人、閱讀的書籍，以及你的興趣。」她說。

這樣明白了嗎？優雅深入我們生活的所有面向，而我們能夠選擇活得優雅。優雅是一個選擇：選擇如何展現自己與住處，選擇如何維持與親朋好友的關係，選擇如何對日常生活中萍水相逢的人們表示尊敬。這些就是真正的優雅內在與外在的表現。很簡單，*Non*（不是嗎）？

謙卑，如此優雅！

優雅經常被定義為洗鍊優美與高貴得體。迪奧的瑪蒂德・法薇耶說，她認為自己定義中的優雅還要加入謙遜：「我們一定要永遠保持虛心。」

穿著和舉止的謙卑就是高雅。正如可可・香奈兒曾說：「飾品，多麼高深的學問；美麗，多麼強大的武器；謙卑，如此優雅！」如今一切最庸俗自戀的行為，怎麼卻成為眾人追捧、甚至夢寐以求的指標了？優雅並不是放大自我、附庸風雅、庸俗或不可一世。

該是拒絕的時候了：我想我們都能同意，美腿、大露背洋裝、乳溝——這些被認為是女性最有力的武器，在適當的時機和場合露出，的確極為迷人。然而我從未見過法國女人露出大面積肌膚。粗鄙的暴露並非法國女人的品味，賦予遐想的魅惑才是她們遵循的信仰。

年輕女性喜歡偶爾穿上極短迷你裙，有何不可呢？有雙美腿的熟女會穿膝上裙，那也很好。其他女人則偏愛剛好過膝的裙子——這是必勝長度。訣竅就在這裡：法國女

人，尤其是法國熟女，最喜歡「神祕感」。精緻的內衣在低調短外套下若隱若現，但只是隱隱約約地。是不是魅惑極了？

她們定義的性感，通常是包裝在端莊下的一種態度精神，不一定能拆封。她們很少以暴露做為誘惑的手段。根據我在法國三十年來的觀察，男女之間的親密調情，絕少、甚至不必是肉體上的誘惑，反而經常是機智的誘惑。在某些圈子中，這甚至是國民運動了。

談到令人質疑的言行舉止，別忘了那些有時候看來很囂張，卻又好像被世界各地接受的惡劣行徑。我們讀到這些行跡、眼見觀察，在媒體上、電視實境節目上，然後轉頭即忘。由於這些不入流的行為實在太多，我們的偵測系統已經關閉了。

對許多人而言，髒話反而成為流行的動詞和形容詞選擇。我極少聽見法國友人使用髒話。如我所說，他們在樹立榜樣。他們選擇「精準字眼」。想像一下，在最恰當的時刻說出完美的字，會有多麼強大的影響力。

說謊也變成普遍的事了。**我定居法國的理由**和我坐在電視機前，看著法國總統辯論，候選人油嘴滑舌、你來我往地，謊言滿天飛舞，實在令人震驚。但是最討厭的時刻是在辯論後，候選人們看著眼前的電視錄影機，誇耀自己方才虛妄的話語，並且指責對方說謊，著實令人瞠目結舌。

我問先生，我是不是誤解法文的意思了。他向我保證沒有。看來在這方面，沒有一個國家不是活在謊言的控制下。

「眼看現今社會中不文明的行為越來越多，真讓人心灰意冷。」艾爾班娜·梅格列說。她也為日常生活中的某些 *laissez-aller* —— 隨便輕率感到難過。「不能因為我們和家人在一起，就忽略禮貌、忘記尊敬。尊敬和**處世智慧**是文明生活中最重要的元素。」她說。

說到這個引人非議的話題，我認識一個在紐約的女人，她是美國最大家族之一的姻親，卻粗魯又矯揉造作，令人震驚無比。她對我非常友善，但是只要我和她出現在公眾場合，我常常感到無地自容。她對服務生無禮、對門房高高在上、對銷售人員頤指氣使。然而和她的朋友在一起時，她的禮數簡直無可挑惕。她是出色的女主人，能布置漂亮的餐桌，端出可口菜餚，會聆聽賓客說話而不打斷對方。她的學識淵博，能說一口流利的法語和德語，平常會在公寓中播放古典樂和歌劇。她擁有一間藏書室，擺滿數百本皮面精裝書，而且她全部都讀過。她的更衣間塞滿漂亮的設計師服飾，一盒又一盒令人驚嘆的珠寶。她唯一缺少的東西，就是優雅。

> 「絕對不可誤以為附庸風雅就是優雅。」
> ——伊夫·聖羅蘭

我想我們都同意，在各行各業服務我們的人，都應該得到我們最高的尊敬。必須應付棘手人們的職業絕對不好玩。

真正的優雅並不是視場合或心情任意開啟或關閉的念頭。優雅是

一種**存在**的方式。這又是我們說的「處世智慧」。最重要的，這就是優美、洗鍊，以及為他人著想的同義詞。

餐桌上的優雅

我的女兒對我的孫女說，到我們在法國的家就像「艾拉的淑女學校」。三歲時，她就學會在離開飯桌前說「請容我失陪」。她在大西洋兩端飽受「請」和「謝謝」不斷轟炸。看到她跑離餐桌，然後想起來，又跑回餐桌詢問她是否可以失陪，真是太可愛了。有一天，這個行為會成為反射動作，如果她也有孩子，她將會提醒他們在離開餐桌之前必須說句：失陪了。

有些禮節的行為是很合理的，唐突地離開餐桌就是顯得很沒禮貌。其他禮節的表現則來自有趣的 *raison d'être* ── 歷史存在因素。

「所有禮節都其來有自，有些軼事甚至可以開啟有趣的談話呢。」艾爾班娜‧梅格列告訴我。接著她告訴我一些軼事，現在成為我最喜歡的小故事之一：她解釋了餐刀為何是圓頭的原因。餐刀的發明可追溯至極度講究品味又優雅的樞機主教普雷希 ── 第一任黎胥留和弗隆薩克公爵，因為他非常討厭當時男人隨身攜帶尖頭餐刀的某種噁心用途。男人的餐刀是萬用工具：用來打獵、用餐、清理指甲，最令樞機主教無法忍受的用途，就是在餐桌上剔牙縫。雖然樞機主教工作繁忙，他不僅是路易十三重用的首

我們如何定義自己？

人生總是充滿挑戰，經常一團混亂 —— 不論是表面上或是更深的層面，而一些可靠的良好行為，能夠幫助我們更冷靜地面對不可避免的障礙。以下就是一份小清單，教你如何應對討厭的人和情境：

✤ 問問自己，我是誰？我希望被如何看待？我希望我的行為如何傳達「我」的定義？

✤ 亂發脾氣，爭吵時夾帶難聽的字眼，還有情緒勒索，這些行為既不友善也不優雅。冷靜沉著才優雅。在壓力下也別忘了風度，然後深呼吸。

✤ 炫耀是優雅的相反。按照可可・香奈兒的說法，「謙虛就是最高層次的優雅」。

✤ 說話要清晰，有禮地解釋，並且聆聽。不必總是據理力爭。有時候保持風度反而更有效。

✤ 學習堅定和善地說「不」。無論原因是什麼，不想做的事情就要拒絕，法國女人這個技巧已經練得爐火純青。

✤ 許下不想遵守的承諾是很糟糕的念頭。

✤ 如果你的行為忠實反應了定義「你」的原則，那就不用浪費時間擔心其他人怎麼看待你。

✤ 需要的時候提筆寫些字句。我們都很明白信箱中出現特定的信封時，那種欣喜若狂的感受。

相，如我前面所提，他也是法蘭西學院的創辦人，不過他仍決定必須對餐刀一事有所行動。

人們絕對可以體會他的感受，因此便按照黎胥留樞機主教的要求設計出圓頭餐刀，並且致力消除尖頭餐刀的噁心用途，讓用餐的體驗更文明。

既然說到餐具，那就來聊聊日常為家人準備的餐桌擺設吧。何不讓餐桌漂漂亮亮的呢？這並不難，還能為例行公事添加些許優雅。人人都會很欣賞其中的小小努力的。

法國室內設計師賈荷‧古爾東每天晚上都會為家人擺設漂亮的晚餐餐桌。「我喜歡變換餐盤，放上餐墊、玻璃杯和餐具。」她說：「我們的餐桌上總是會有一個圓形或方形小花瓶，插著可愛的小花和綠意枝條。」

我最要好的朋友之一，雖然是個寡婦，卻總是為自己擺設漂亮的餐桌。請容我在這裡借用某化妝品牌的名言，她總愛說：「因為我值得。」

到美國探訪我的家人時，我訪問了塞巴斯汀‧卡儂（Sébastien Canonne），芝加哥法式甜點學校的創辦人之一。除了討論甜點──當然少不了大吃一頓，塞巴斯汀非常親切──他擁有「MOF 法國最佳職人」頭銜，是法國政府頒發給工匠的最高榮譽，他告訴我他家用餐時間的規矩之一：「餐桌是全家人討論他們的一天的地方，如果你剛好有孩子或孫兒，他們不經意說出的話，正好可以讓你一窺他們的生活。」他說：「用餐時間也是一家人在餐桌上享受美食的時刻。健康、有意思的食物，以誘人的方式呈現，可以從小教導孩子珍惜和享受食物，更能學習在餐桌上共

享的經驗。美好的食物和愉快的談話最搭調了。」

關於現代便利科技的小提醒：坐上餐桌之前，所有電子用品都應該調成靜音，放在另一個房間。手機怎麼會比一起吃飯的人更重要呢？雙親和祖父母在孩子面前查看回覆手機訊息，代表他們沒興趣和孩子們在一起。孩子們會察覺到氛圍和優先順序。別這麼做，大家開始聊天吧！

日常的奢侈

法國女人深知在日常生活中發揮創意的價值，其中混合了帶著奢華的實用主義與美麗的基礎事物。確實如此，魔鬼永遠藏在細節裡，尤其是那些微小、經常出乎意料的點子，令日常生活顯得特別。只要花點心思（或是問很多很多問題……），靈感俯拾皆是。

「優雅」一詞用在希爾梵・德拉庫特（Sylvaine Delacourte）在嬌蘭和新的同名品牌的創作上，似乎是最貼切的形容詞。每一款出自她手的香氛都擁有鮮明的個性，尾韻充滿出人意表的豐富變化。她也有非常簡單、出人意外的使用香水的點子。她最喜愛的用法包括讓雨天變得更迷人。

「我會在雨傘內側噴上香水。」她說：「我很喜歡單一香調，例如玫瑰。下雨的時候，感覺就像玫瑰花瓣紛落而下。這就讓灰濛濛的陰沉日子完全不一樣了。」確實如此。我選擇常常噴在被套和枕頭套上的薰衣草淡香水，噴

在雨傘內側，真的讓我露出笑容。真是可愛的驚喜。

至於居家的簡潔和優雅，沒有人能比最獨特的多瑞絲・伯連納——負責讓 Dior Maison 系列令人無限嚮往的女人——更能完美演繹這個概念了。她證明了即使是最簡樸的素材，如藤編配件和橄欖木製餐具，都能非常優雅，成為令人驚嘆的時髦餐桌配件。

「我抗拒銀器。」她如此宣稱，我想其中帶點諷刺吧。「我最喜歡玻璃製品了，花瓶、美麗的玻璃杯、餐盤，有時候還是手繪的呢！它們能夠為日常生活增添美好的色彩。我最喜歡色彩了，我喜歡餐桌上充滿色彩，我也喜歡繽紛的衣服。」她說：「藤編簡直讓我痴迷瘋狂，實在太迷人了，簡單又優雅。」

The Beautiful TABLE
美麗的餐桌

有幾個簡單的方法讓你的餐桌更討喜：

1. 打扮餐桌：漂亮的餐墊能讓餐點更吸引人。餐墊也比桌布更適合日常使用。

2. 使用布製品：免整燙的餐巾並不少見，需要整燙的大桌巾就留給較正式的晚餐吧，除非你有專人為你燙衣物，或是你很享受整燙的工作。

3. 保持隨性：克莉絲汀‧蓋哈負責厄潔妮草原（Les Prés d'Eugénie）的旅館、餐廳與水療的高雅布置，她選用大餐巾，從中心捏起後直接放在餐桌上。效果有如扔在餐盤左邊的隨性配件。「上漿、整燙、完美折疊的餐巾實在太費工了。」她說：「而且我喜歡餐巾隨意搭在餐桌上的造型。」

4. 裝飾性的小細節：找一件漂亮的物品做為中心擺飾，從一朵花或一枝植物，到一盆松果、一盤水果或一件藝術品，任何東西都可以。克莉絲汀‧蓋哈曾在有亞麻飾布的露天座餐桌中央放上三顆檸檬，不過你可以利用手邊現有的東西。發揮創造力吧！

5. 玩色弄彩：我的朋友法蘭索瓦茲‧杜瑪負責打點全世界最華美的派對，她告訴我，在葡萄牙的度假住處，她常常使用當地市場或平價商店Monoprix販售的繽紛玻璃杯招待客人。「漂亮就是漂亮，」她說：「沒必要所有東西都是昂貴的。」（Monoprix是我最喜歡的商店之一，有點像是美國平價商店 Target 的法式且更有型的版本。）

6. 溫暖燭光：冬天時，蠟燭能提振精神。蠟燭放在煤油燈裡尤其漂亮，可以放在桌上做為長期擺飾。

7. 外觀就是一切：桌上不可以有任何紙盒或裝東西的盒子，絕對不可以。水要裝在有耳水壺或簡單的玻璃水瓶裡，早餐的牛奶要裝在有耳水壺裡。披薩要放在大盤上，或是放在廚房自助拿取，裝在餐盤裡才端上餐桌。唯一能從原瓶直接倒入玻璃杯的液體只有葡萄酒。

8. 何不試試？全家人在餐桌上的飲料都必須倒進玻璃杯飲用。

　　她經常將自己的藤編物件當禮物送給朋友。有些物件很實用，像是把法國品牌 Pyrex 的玻璃大餐盤裝進時髦的藤編套，端上餐桌也很體面。我超想要她在花園宴客的一個托盤。而且她不分季節，都會在巴黎的公寓使用藤編器具宴客。

　　多瑞絲喜歡混搭實用和漂亮的東西，高價和便宜的物品。她協調混搭物件的高超能力為她建立起閃亮的名氣。

　　另一個為日常生活增添優雅的方式，就是鮮花。我好愛花朵，無法想像家裡沒有花。尋覓花束靈感時，我會到我在巴黎的「私藏」地點之一 —— 卡瑟琳・慕勒（Catherine Muller）的花藝學院。如果可以，我一定會每個星期都到她那兒買花，我從未在單一地點同時見過這麼多美麗的鮮花。

　　走進她的巴黎花藝學院大門，就像踏入絕美的魔法世界，不僅因為花香醉人，更因為有一堆又一堆的當季鮮花。這些未經整理的鮮花、枝條、莓果、綠葉及其他大自然的禮贈，就插在水桶或水盆裡，在她的小巧店鋪前朝人行道招搖。重點來了：這些全都是非賣品。每一樣東西都是她的花藝課程要用的素材。

　　你可以購買她店裡的美麗蠟燭，件件都是她親手創作，忠實重現她最喜愛花朵的單一香調。這些蠟燭裝在圓柱形盒子，搭配的絲帶會與蠟燭中使用的花朵相呼應。其他可購買的物品包括簡易花束成型工具，以及亞麻製園藝圍裙和工作服。不過就是不賣花束，甚至連單朵鮮花都不販售，真令人氣餒啊！

「我教學的對象是花藝師和室內設計師，如果我和他們競爭，就太不專業了。」她這麼說。

她主持為期四天的工作坊，主題包括普羅旺斯、瑪麗・安東尼皇后、復古風以及婚禮，而且歡迎任何對製作美麗花藝有興趣的人。她在倫敦和紐約也有花藝學院。

貝蒂露・菲利普斯（Betty Lou Phillps）是我最要好的朋友之一，她超愛法國，是作家也是知名室內設計師，她告訴我應該與卡瑟琳見面。她真是太對了。我坐在教室裡，上了一堂卡瑟琳的課，不敢相信自己竟能做出這麼美的花束帶回家。那真是難忘的體驗，讓我非常感恩。

卡瑟琳擅長製作繁複困難的花藝，她過去的客戶包括頂尖品牌與名流，如卡地亞（Cartier）、LVMH、迪奧、Céline、巴黎歌劇院（Palais Garnier）、珍・柏金（Jane Birkin）及凱薩琳・丹妮芙（Catherine Deneuve），但是比起精緻華麗，她更喜歡單純風格。「大地之母的手藝比我們高超多了。」她說：「大自然的變化已經夠豐富，不需要我們再加工。」

她解釋自己有多麼喜歡抱著一大捧鮮花，然後裝進大容器內任由花朵自然開散。「看著花束不經人手自然成型，真是太美好了。」她說。她在我上的那堂課中就這麼示範過，印證了她的論點。

鮮花本身就優雅無比，而卡瑟琳堅持任何預算都有能使用的

鮮花、花束，或是從原野或森林採集來的材料。「有時候
我會用麥穗、光禿禿的枝條和莓果，單一或結合使用。」
她說：「花的規則就是沒有規則。真的，就是這麼單純。還
有什麼比自然更優雅的呢？」（關於卡瑟琳的當季花束創
意，（第 235 頁還有更多參考資訊。）

付出心力

我完全明白有些人喜歡辯駁，說優雅生活是過時的老
派作風，而且這些小小的心力根本浪費時間。生活中的許
多面向包含了一連串抉擇和決定，如何面對操之在我們，
而我總是選擇花費心力。

結合能讓生活更順暢進行的例行公事，以及讓適合忙
碌生活的細節現代化，兩者並不牴觸。只要養成習慣，例
行公事也能省下大把時間。（在＜法式家事的藝術＞一章將
有更多討論。）

我認為是時候提供各位讀者更多艾爾班娜‧梅格列的創意，讓日常生活更怡人：

✤ 在法國，進入餐廳時，男性要走在前方為女伴「開路」。侍者或外場經理將男女帶至桌位時，女性要走在前方。

✤ 若餐廳有高背沙發椅，應讓給女性坐。無論如何，面向整間餐廳的座位永遠應該留給女性。

✤ 絕對不可以在餐桌上補妝，包括打開粉餅盒照鏡子補擦口紅。

✤ 進入和離開店家與醫師的候診間時，別忘了說「您好」和「再見」。

✤ 打電話至某人家中時，說完「您好」之後要報上自己的名字，然後說「請問我可以和×××說話嗎？」

✤ 絕對不可以在一般用餐時間打電話，像是中午十二點到下午一點半，以及晚上七點（備餐時間）到九點左右。

✤ 遇到不愉快的服務狀況時，試著保持冷靜，不要增加不開心的交流。

✤ 我有一位很棒的友人，四歲時母親教了她一課，而她將這一課傳授給我。「絕對不要和友人傾訴教養孩子時遇到的日常問題。我們說完就忘，但朋友會永遠記得。對孩子要像對待父母一樣，他們也應該得到尊敬。」她說。

　　如今人人皆忙碌，這點是無庸置疑的。然而，如果「簡單」被解釋為「誰在乎啊？」就太可惜了。身處在單純的優雅環境，用喜歡的東西妝點溫暖的窩，讓家既有心靈上的安全感，又是休養生息的美麗避風港，這一切必然能夠令人心情愉悅平靜。

　　我的部落格上有一個話題意外地引起一番激辯，那就是精心打扮和反方的「誰在乎啊？」。我說了一個故事，關於和一位女性約在某間優雅的巴黎飯店見面（當然是喝下午茶）採訪，當我看見她亂糟糟的外表時簡直倒退好幾步。不完全是因為她的穿著，而是因為衣服皺巴巴、感覺不太整潔，還有磨損的鞋子。沒錯，不到十秒我就評估完這一切。

　　部分讀者抨擊我的膚淺，問我是否因那番訪談得到任何有用的資訊──我確實有。當然，以什麼方式呈現自己是她的選擇，但是我不禁思索，為何她不能讓自己在開口之前，就讓外表為她無聲地發言。

　　因為我希望成為善良、尊敬他人，而且心胸開闊的人，我試著理解何以有些人不利用自己的外表做為散發正面訊息的單純手段。無論他人在這方面做何種決定，「訊息」就是傳遞出去了，接收者則會依自己的意思詮釋。

　　「依照場合打扮是另一種優雅的形式，也是尊重。」艾爾班娜‧梅格列說。瑪蒂德‧法薇耶也贊同，並補充道「打扮多有趣呀！」

　　我同意。或許我永遠不會理解，何以有些女人認定雕琢外表毫不重要，或是打扮是件苦差事。我很樂意打賭，

大家都很享受看著有型的女性。我最喜歡打發時間的事情之一，就是坐在巴黎的咖啡店，點一杯 *café au lait* 或葡萄酒，看著各種年齡、以衣著表現創意的法國女人在面前來來往往，這裡就是最精彩的劇場。

我是「隨處都能挖掘到快樂」的超級擁護者，因此我相信花在梳妝打扮和創意衣著的時間上的投資報酬率絕對值回票價。那麼，為何我們要剝奪自己在這方面的滿足呢？花費心力呈現自己最好的一面，是我們能為自己所做最正面、最振奮精神的舉動，反映出我們對自己與他人的尊重。無需開口，這就是日常的優雅。

美好生活

除了外顯的優雅，即一個女人化妝、整理秀髮、穿著、妝點居家、款待客人的方式，還有閱讀的書、興趣喜好，優雅的核心其實反映出內在：從容自信、溫文有禮以及心中意圖。正是這些一絲不苟的好教養，指向日常美好的生活。

3

法式家事的藝術：
從亞麻織品到食品櫃，
讓家雅緻有效率
The Art of French Homemaking

　　法國女人非常認真看待照顧家庭。如同我們每一個人，她們對某些家事樂在其中，例如熨燙衣物和擦拭銀器，某些家事就沒那麼喜歡，但是所有我的朋友和熟人都會把家打理的漂漂亮亮，因為美麗又井然有序的居住環境令她們感到愉快。

　　克莉絲汀・蓋哈負責「厄潔妮草原」旅館和水療中心的華美布置，確保運作順暢，並和米其林三星主廚的丈夫米歇爾經營餐廳，我們對談時，她告訴我自己滿心期待的最新計畫──Académie des Gens de Maison，是一間教授家事藝術的學校，課程應有盡有，從花藝、整理床鋪到熨燙衣物和布置正式餐桌，以及其他許多家事技巧。

　　蓋哈女士是效率和優雅的擁護者，她相信那正是美麗

居家的關鍵。起初她的想法只是訓練旅館從業人士，但是她發現這個學校對一般大眾也會很有幫助。想像一下，人們能從她的學校學到多少東西，並且將之應用在家裡。

　　一如日常生活的許多面向，我發現關於在家事方面，我能從法國女人身上學到非常多，尤其是那些上了年紀的女性，因為經過數十年的時間，她們已經將家事調整到幾乎完美的境界。

　　我的友人們總是告訴我，她們會確保家居織品和衣櫃有條有理，隨時都能輕鬆立刻取得需要的東西，保持家居秩序，漂亮又便利。同時，她們也會在櫥櫃中放入迷人的香氛，以美觀的方式整理，如此一來，打開櫃門就是感官的享受，每一天的所見所「聞」都令人心情愉快。

　　法國女人的整理技巧也延伸到廚房。她們很久以前就學到，物資充足的食品櫃是保持家事運作順暢不可或缺的配備。為每一天和意想不到的情況做好萬全準備，似乎是她們的箴言。我有好幾位朋友，包括香塔和藝術家朋友艾狄絲（如果你們讀過我的上一本書，她出現在＜面對衣櫥難題＞一章，我提到她如何能將一件紫紅色及踝棉裙穿出千變萬化）——她們盡心盡力愛地球，所以清潔用品非常少，而且都是對環境友善的產品。我的管家艾麗絲只使用天然產品。她教了我許多關於友善環境的清潔方式。

　　對法國熟女而言，持家就是藝術、科學和傳統的結合。布置、烹飪與款待客人是藝術。清潔、保養和整理就是科學。最後，傳統則是特別的元素，混合了每一個家庭獨有的文化、傳承與習俗。

接下來的幾頁，我會一一檢視居家細節並做討論。我翻閱過不少我先生的母親和祖母擁有的古老法文書，當然，我也一如往常的向友人和專家尋求法式家事藝術的訣竅。這些古老書籍非常有趣，展現了世世代代的女性，早在市售清潔產品成為主流市場之前，就已經很有創意。例如，煮馬鈴薯的水最適合用來為襯衫和桌布上漿，這點就很有趣（不過還沒有趣到讓我想要一試）。

法式亞麻織品櫃

先來談談亞麻織品吧。

法國女人非常細心呵護她們的亞麻織品。黛芬·貝爾泉（Delphine Beltran）是 D. Porthault 的藝術總監，這是一個被內行人視為「高級訂製」的居家織品品牌，她說明只要正確使用床單、浴巾和桌布，並且在某些細節上多加注意，這些織品是可以代代相傳的。

漂亮的亞麻製品有如珍寶。包括我們在沐浴後溜上床蓋著帶有甜美香氣的潔淨被單，而散發著薰衣草氣息的枕頭能讓我們睡得更甜，毛巾聞起來就像春天。接著還有餐巾、桌布以及餐墊，讓日常生活更美好，也讓款待更高雅。

我想要學習更多關於購買、收集、混搭與保養這些美麗居家織品的知識，因此找上黛芬，尋求她的專業建言。

我問她為什麼法國家庭會代代相傳亞麻織品時，她說她向來很珍惜這些織品的象徵意義。「床單是很個人、很

私密的東西,長久地保有它們的感覺相當奇妙。」她說所有亞麻織品,包括能讓孩子與孫兒憶起家族歷史的桌布和餐巾,是另一種溝通方式。每一個物件都能令我們回想起在鄉下的午餐時光、歡度節慶,或是讓我們最好的朋友睡在鋪著奶奶嫁妝床單和枕套的床上。」

黛芬也很喜歡新舊混搭的概念。

「我喜歡混合不同時代的大膽感覺。」她說:「透過加入更多現代世界的色彩、印花、刺繡或蕾絲等為過去增添活力,非常有趣又有創意。這是復興歷史傳承的方式,而且每次混合新與舊的同時,可以說也是在加入我們的個人特色,我們的故事。」

然後,我覺得一定要請她提供建議,告訴我們什麼是織品櫃中必備的物品。(我特別強調「以熟女觀點」)。果不其然,黛芬非常重視床具和沐浴用的織品,將之視為運用裝飾技巧的機會。

「說真的,沒有任何規則。」她宣稱,並且補充她認為成套的床具和沐浴織品非常高雅又迷人。「我們是這樣製作我們的產品系列。某方面來說和穿衣打扮很相似——用成套的單品和配件就能大大提升搭配效果。」

她繼續說道:「擁有整組床具和可替換的配件很棒,這樣就能依照心情布置自己的床了。密織棉布擁有涼爽質感,是絕佳選擇;絲滑的棉緞與觸感柔軟的棉質平織布效果截然不同,但是都非常優雅舒適。」

D. Porthault 最有名的當屬優美細緻的印花,據黛芬所說,二十世紀初時大家還「睡在傳統的象牙白亞麻床單」

時，該品牌就已經加入印花，甚至將服裝製作的細節加入家居織品的設計中，其中一部分留存在品牌資料庫，在現有的系列中不斷出現，其他則是新發想的設計。

「混合不同的色彩和印花或加上白色滾邊，會創造出一種氛圍，可以表現出一個人的個性。」黛芬說：「床可以是一個房間的布置焦點，而且可以常常變換。混搭或是保持純白，也可以沒有滾邊，擁有這份自由，絕對是另一種奢侈和優雅。」

如果你沒有 D. Porthault 的毛巾或床組，或許你曾在巴黎的麗池飯店（Hôtel Ritz）、布里斯托飯店（Hôtel Bristol）、莫里斯飯店（Hôtel Meurice）、克里雍飯店（Hôtel Crillon）、雅典娜廣場飯店（Plaza Athénée），或是全歐洲 Relais & Châteaux 集團旗下的旅館享受過它們的極致舒適與美麗。

當然啦，添購全新的高級居家織品一定會是筆不小的支出，不過這些是可以傳家的投資，一定值得當初的花費。每次使用曾經屬於我父母的桌布和餐巾時，我都會想到他們。以這種方式被懷念不是很美好嗎？

如果預算不允許，跳蚤市場，尤其是法國的，也是能讓人滿足的另一個選擇。在跳蚤市場總能見到幾個攤位，各色家居織品疊得老高，從餐巾和擦碗布，到桌布和床組，應有盡有，而且價格非常親民。重點是通常還能講價呢！

我在跳蚤市場買到許多亞麻擦碗布，有次在巴黎西邊的某個鄉下市場，我遇見一位女性，她將二手亞麻床單和

桌布染成粉嫩欲滴的顏色。我買了一張淡水藍色的亞麻大床單，還有一張是極淺的藕色，兩塊布都被我當成桌布使用。

我和我的法國友人們一樣，會在織品櫃和抽屜裡放置薰衣草香包。有些是買來的，有些則是我用自家花園的薰衣草製作的。我有一系列棉質、紗質和來自普羅旺斯的印花小香包，用絲帶綁起，香氣消失後——這點是免不了的——只要重新填裝就可以了。我也會放薰衣草束，因為它們好美，我會將薰衣草連枝帶花用絲帶或絲絨緞帶編織起來。（如果你想學著做，網路上可以找到如何製作的教學影片。）這些就是能讓居家截然不同的小小奢侈品。

我很喜歡朋友安的家居織品櫃內的配色，一如其他許多方面，她收納織品、瓷器和玻璃製品時，總會加入個人的藝術氣息，即使在緊閉的櫥櫃門內也不例外。而我收納家用織品的方式並不複雜，但我覺得還是很漂亮：我的毛巾全都是白色的，有些帶著彩色飾透，其他則由香包和薰衣草束增添更多繽紛色彩。

我的床單都一樣，白色搭配些許細節，有時是白底加上白色或單色刺繡。我們擁有兩套 D. Porthault 賞心悅目、華美無比的床單：一套是白底布滿了淡藍花朵圖案；另一套則是淺粉紅色。這兩套至少都有四十五年了，即使歷經上百次清洗，依舊筆墨無法形容地柔軟。

我們也有幾套白色亞麻床單，是我先生家族代代相傳的，每張床單上都有繁複精美的刺繡裝飾，觸感迷人柔軟，夏日夜晚蓋上時又涼爽無比。鑽進亞麻床單被窩的感

覺實在難以抗拒地療癒。然而，亞麻需要更多保養工作，因此較少人使用。直接鋪上皺巴巴的床單一點也不美觀，熨燙床單可是大工程。話說回來，每當我看見櫥櫃裡的亞麻織品，它們是這麼漂亮，光是瞄一眼都讓我心花怒放。鋪在餐桌桌面上顯得極為高雅，比起鋪在床上，我更常將這些織品用在餐桌上。

如同我的法國女友們的作法，將色彩成為讓床的外觀「增色」的要素：不論是床罩、被套、各種枕頭，或是放在床尾以喀什米爾、美麗諾羊毛或毛海織成的毯子。當然床罩也可以搖身一變成為迷人的桌布。

我歸納了幾位友人——安（當然）、珍－愛莉亞還有香塔——的家居織品櫃收藏。包括每張床該有幾套寢具，以及她們可能會運用的小訣竅。以下是她們告訴我的：

- 她們都同意每張床應該要至少有三套寢具。她們同時還有好幾套從母親和祖母那兒繼承的亞麻寢具組，不過即使她們渴望可以睡在上面，卻反而較少使用，因為熨燙床組很費工夫，因此她們將亞麻寢具留給家族聚會和客房。

- 對家族龐大、經常款待客人（客人有時會住上一週）的安而言，客房也適用三組寢具的規則。她會為臥室取名，在對應每個房間的櫃內層架貼上標籤，例如「蝴蝶」。附衛浴的臥室則會在寢具旁放上同色系的毛巾。如此一來，她隨時都準備好迎接訪客。至於她自己的臥室則有更多寢具和床組配件，因為她說她喜歡常常變換造型。

+ 清洗熨燙寢具和衛浴織品後，剛清潔完的要放在整堆織品的最下面，以確保每一件織品都會輪流使用，延長壽命。

+ 朋友們建議要有六到九個枕頭套，以搭配三組床單，因為她們鋪床時絕對不會只放一個枕頭。

+ 她們的家中皆有許多床罩，因為她們喜歡變化臥室的氛圍。

+ 幾十年前，安就不再從頭到尾熨燙床單了。「我只會熨燙床單的上半部，這樣我反折毯子的時候看起來很平整漂亮。誰會看床罩下面啊？」（我很確定她連一公分都不會多燙，就和我們每個人一樣。）

+ 她們一年會淨空清理織品櫃一次。清理工作包括移除包裹層架的紙，撢去灰塵，用 *savon de Marseilles*（名聞遐邇、以地中海橄欖油和火山灰製成的馬賽肥皂）清洗層架和櫃子側板，然後放上新的紙和香包。我們都很愛馬賽肥皂，因為清潔力無與倫比，已經流傳好幾個世紀（因此帶點歷史神祕感），而且百分之百可生物分解。

+ 珍－愛莉亞將床組放進織品櫃之前，會把鬆緊床包放進熨燙好的上層床單裡。「這麼做，每個房間的寢具都可以一次取出整組。」她說。「我只選用白色寢具。」她補充：「我最喜歡棉緞和竹纖維了。我絕對會依照季節選用床罩，還有不同的裝飾靠枕、被套和毯子。春夏一定用淺色，秋冬

就用深濃飽滿的色系。」

法式持家祕訣

我很幸運擁有一個討人喜歡的幫傭管家艾麗絲，打掃清潔時，她主要使用老派、經過證實，並且容我補充，百分之百可生物分解的產品。這些年下來，她教了我許多訣竅。每個月她會給我一張清潔用品清單，然後我就按照指示補貨。以下是我們的愛用品：

+ 液態馬賽肥皂，用來洗滌衣物，純淨又清新。床單和毛巾聞起來就像在美麗的花園裡曬過。我們有一個漂亮的花園，不過大部分的時候我都是用烘衣機。

+ 塊狀黑肥皂（savon noir en pâte），用來清潔烤箱、抽油煙機，以及金屬製的花園家具效果絕佳。用溫水融化後，就是最棒的狗狗殺菌洗髮精。此外，黑肥皂也可以取代擦拭銀器的專用產品。以溫水融化四湯匙黑肥皂，然後將銀器浸入液體，靜置五分鐘後取出擦乾，再用柔軟的棉布擦亮。*Savon noir* —— 黑肥皂，以橄欖油製作，和馬賽肥皂一樣完全可生物分解，而且可以用來清洗所有東西（包括我們的身體）。數世紀以來，摩洛哥浴（hammam bath）使用黑肥皂清洗肌膚與去角質。我在摩洛哥浴中試過黑肥皂，那體驗

真是太美妙了。

✤ 白醋可以用來清潔窗戶和冰箱裡面，也能讓鉻與不鏽鋼材質閃閃發亮。

✤ 新鮮的檸檬切片放入一碗水，可清潔微波爐。只要兩分鐘就能完成。快速擦拭內部，所有噴濺的痕跡全部清潔溜溜。

✤ 加入更多檸檬，就可以洗去咖啡機和快煮壺裡的硬水殘留物。

✤ *Alcool ménager*（或稱清潔用酒精），帶有天然檸檬萃取的香氣（否則會是難聞的氣味），艾麗絲常常用在各種東西上，是非常好的去油劑。

✤ 艾麗絲也很喜歡百年家族品牌 Jacques Briochin 的產品。其中有一樣產品幾乎什麼都能清潔，用來擦窗戶和浴室的乾濕分離玻璃門效果絕妙。我們現在用的是 Le Nettoyant Universel 萬用清潔劑，是裝在噴瓶中的淡藍色液體。

　　一如法國女人，我試著讓自己為環境盡一份心力，包括購物時使用漂亮且可清洗的棉麻購物袋，減少家中堆積塑膠袋。在鄉下，我常常看見女人們手臂上勾著籃子採買日常用品，棍子麵包和萵苣會從袋子上面探出一角。

清潔與打掃

以下是幾個經過考驗，各種家事都適用的居家清潔與打掃訣竅：

銀器

+ 如同我前面提過，我們每天都使用銀器。而你知道這項習慣最大的好處是什麼嗎？那就是永遠不需要擦亮銀器。我們有幾件較不常用的分享餐具，不過由於每天使用銀器，必要時只需輕鬆擦拭幾件就成了。

+ 至於稍微變暗的銀器，浸泡在酸牛奶裡面即可。十五分鐘後從牛奶中取出，用柔軟的布擦亮。

琺瑯

將琺瑯物件浸泡在溫熱肥皂水中，再用以溫水稀釋的新鮮檸檬汁沖洗乾淨。

氣味

+ 使用吸塵器時，在集塵袋中放一小把乾燥香花或丁香。家中若有動物（你知道，四隻腳的那種），這個方法效果非常好。

✤ 法國室內設計師賈荷‧古爾東會在她的吸塵器集塵袋中滴幾滴精油。「精油也可以殺塵蟎」她說。

✤ 想要去除廚房裡的難聞氣味，又不想以另一種氣味掩蓋時，可在小平底鍋中放入醋煮沸數分鐘。

✤ 稍微變換主題，讓我們為家中加入迷人香氣：鍋中放入一小把肉桂棒和幾顆丁香煮沸，然後轉小火微滾。這比烤餅乾輕鬆多了，而且還不含熱量。

✤ 想去除踏腳墊上的氣味，可撒滿小蘇打粉。靜置一小時後用吸塵器吸淨即可。

斑點和汙漬

✤ 覆盆子：混合新鮮檸檬和雙氧水，然後沖洗乾淨（先在布上試用）。

✤ 油漬：塗上酒精輕輕搓揉後洗淨。

✤ 蛋黃：用冷水、肥皂和雙氧水洗淨。

✤ 桌布上的紅酒：在紅酒汙漬處倒白酒，鋪上一層鹽，靜置直到紅酒被鹽吸收。接著以白醋搓揉汙漬處，用冷水洗淨，再以正常洗衣程序清潔即可。

✤ 皮鞋：凡士林可以去除水漬。讓凡士林滲透皮革，然後擦拭至光亮。

✤ 漆皮皮革：混合溫熱的脫脂牛奶和新鮮檸檬汁，浸濕柔軟的布後擦拭皮革。我最喜歡漆皮了，這個方法真的很有效。

蠟燭

✤ 在燭芯底部放幾粒粗鹽，或是將蠟燭放進冰箱數
小時，可以延長蠟燭的燃燒時間。這是安教我的。

✤ 使用蠟燭前，先將蠟燭浸泡在濃度極高的鹽水中
一整晚，有助於減少燭淚。

瓶子和水瓶

✤ 若要清潔裝油的瓶子，可倒入濕潤的咖啡渣，搖
晃後沖洗。這點對我來說很輕鬆，因為我每天早
上都會喝現磨咖啡，總是有一大堆咖啡渣。

✤ 清潔裝飾用的瓶子和水瓶，包括水晶，倒入粗海
鹽和白醋，然後不斷搖晃、搖晃、再搖晃。沖洗
數次。最後用蒸餾水沖洗效果最佳。

✤ 清潔水晶製品時，可以在溫和的洗碗皂中加入幾
滴氨水，然後以溫水和白醋沖洗。一位好朋友每
年聖誕節都會送我精品品牌 Baccarat 的水晶小動
物。現在我簡直可以開動物園了，正好可以試試
這個方法的效果（我當然知道有更簡易的方法）。

水壺

✤ 我們使用快煮壺燒水，用來泡茶和任何需要沸水
的東西。由於水質極硬，水壺裡面積了厚厚一層
雜質。想要去除白色殘留物，切四分之一片檸檬
丟入水壺裡，裝滿水煮沸一、兩次即可。

✤ 後來我發現，只要在水壺底部放一個生蠔殼，就
可消除殘留物堆積，大大減輕這個問題。

杯子

✤ 瓷製的咖啡杯或茶杯裡總是會留下垢漬，熱水加
入漂白水和洗碗精，放入杯子浸泡就可去除。

鏡子

✤ 欲去除鏡子或是任何玻璃表面上的指印，用柔軟
的布和氨水擦拭即可。換句話說，乾淨到一塵不
染。

壁爐

✤ 抓兩大把粗海鹽，或是你保留的葡萄酒軟木塞
（我們總是留著，但是從來不知道為何而留），
丟進爐火餘燼中，就可以讓火重新旺起來（至少
數分鐘）。

✤ 將檸檬、柳橙或葡萄柚的果皮丟進爐火，可散發
迷人的清新氣息。

黃金珠寶

✤ 用一片白麵包擦拭。我知道聽起來很奇怪，但是
真的很有效。

蛾

✤ 在毛衣上放薰衣草或薄荷香包。

✤ 在小碗中放入滿滿的丁香，或是像我的衣櫥層
板，到處撒滿丁香，毛衣上也是。

冰箱－必學

✤ 每個月都應該認真清潔冰箱兩次，使用溫水、白
醋和一小尖匙的小蘇打粉。35 盎司（約一公升）
的水加入漂白水擦拭冰箱內部消毒。然後再度擦
拭。（我的法國友人們總是大概就好。不過我清潔
的時候，醋水比例總是 1:2。漂白水擦拭也是。）

✤ 如果還沒到清潔的時候，卻需要去除冰箱異味，
上床睡覺之前，準備一碗加入 *herbes de Provence*
（普羅旺斯綜合香草）的熱牛奶放進冰箱。隔天
早上取出即可。

織品

想要避免織品縮水，初次使用棉或亞麻的衣物或桌巾
時，先用冰涼的鹽水浸泡十二小時，鹽的濃度一定要非常
高。我問過艾麗絲比例，她說：「至少一杯（鹽），放多一
點也沒差。」她說在冷水中倒入一、兩盒冰塊也不會損傷
織品。

在享受溫泉水療及輕盈料理（cuisine minceur）時（第
241 頁會有更多介紹），我訪問了 La Ferme Thermale 水療
中心的總監。瑟西（Cécile）是美容師，為奢華品牌 Sisley

美妝系列工作，也負責確保水療營運順利。

　　我們的訪談常常偏離主題，聊到意想不到的方向。瑟西最初的想法是想討論美容，但隨著談話進行，我告訴她自己正在寫一篇如何做家事的內容，便詢問她是否有任何獨門的家事訣竅。她真的有！

　　「我剛結婚時，總是會自製洗衣劑。」她說：「我的先生是主廚，他回家時，白色外套上總是一身頑垢。最後我終於研發出可以洗淨所有汙點的配方。」

自製洗衣劑

1 2/3 杯馬賽皂刨絲。

2 一小玻璃杯（約 6 大匙）碳酸納（蘇打粉）。

3 加入 6 杯滾水，混合上述原料。

4 任選喜歡的精油，加入 20 滴。瑟西用的是薰衣草精油。

綠色冒險

我們住在巴黎西邊的鄉下，被美麗的朗布耶森林圍繞，在自家花園和家居中，我們也盡可能做到環保。

我們有許多果樹，包括杏桃、洋梨、三種蘋果、兩種櫻桃、兩種李子，還有一個小小的菜園，種了三種番茄、小黃瓜、萵苣、薄荷、羅勒、百里香、芫荽以及覆盆子。有些朋友還擁有在我看來超大的菜園，全年都能供應全家食用的蔬果。

無法否認，迷人的花園也是法式生活藝術的一部分。

吉爾‧歐登（Gilles Odin）是我最喜歡的人之一，也是我們有點狂野的庭院顧問，他是造景藝術家，也是法國最有名的連鎖托兒所 Poullain 的總監，對於在田園風情中工作和放鬆帶來的滿足感，自有一番見解。

「庭園能帶來平靜和喜悅，無論你喜不喜歡，庭園都需要耐性，因此能教導我們放慢腳步。」他說：「規劃庭園，或只是在露臺上種植花草，都應該是滿懷愛意的工作，不能急就章。有意識地慢慢打造出舒服安靜的地方，絕對更鼓舞人心。」

感謝我的法文園藝書、吉爾，以及我的友人們，不只室外的花草，室內植物也一樣，我有永遠學不完的東西。

吉爾幫我找到莓果灌木叢和花簇，讓我在隆冬也能製作花束。他甚至特地為我訂了黃色芍藥呢！我不是天生熱愛大自然的人，因此任何小資訊都是大幫忙。

法國風廚房

我在廚房中的膽識相當有限,但同樣的,自從搬到法國後,我進步最多的技能之一就是廚藝了。如果你看過我最初的樣子,就知道這個說法一點也不矛盾。除了幾道拿手料理,我還學到重要的幾課,懂得讓料理災難化險為夷。我從某位法國女性友人身上學到最好的一課,就是堅守你擅長的事物。

我的法國姪女廚藝高超,每當我們受邀到她家吃晚餐,她總會問我們想吃些什麼,而我們不是回答 *pot-au-feu*(法式燉肉蔬菜鍋),就是水煮海鱸魚搭配她美味無比的荷蘭醬,還有小巧未削皮的新馬鈴薯。(在法國很少見到盤中有未削皮的馬鈴薯,這點讓我更愛她了。)

她和她同樣手藝出色的另一半,都很喜歡料理對他們來說輕鬆不費力的經典法國菜,又因為他們非常享受料理時光,所以也會嘗試新食譜。有時候我們就是受邀品嘗他們的實驗之作。

另一個關鍵,所有法國熟女都知道,擁有一個物資充裕的食物櫃有多重要,能夠讓人聰明運作家務無壓力。手邊隨時有材料,能夠快速做出美味料理是非常重要的。

在法國,*entrée* 是第一道菜,就像你「進入」一頓佳餚。

為了知道哪些是必備材料,我問了身旁友人,如果冰箱櫥櫃空空,又要臨時為家人或突然來訪的朋友變出一頓晚餐,哪些是她們的必備食材。

「我一定會儲備鹹派、義大利麵或是產自佩里格（Périgord）的肥肝等優質食材。」賈荷·古爾東說：「家中永遠有馬鈴薯，這樣我就能快速用鵝油做出 *pommes de terre rissolées*。」其實就是馬鈴薯煎餅，但是美味遠超過所有我曾吃過的馬鈴薯煎餅。

安的歐姆蛋是簡直天上才有的美味，她家養了幾隻雞，我想這點絕對有加分。她也有一個小小的菜園，從那裡採摘萵苣、幾顆番茄還有香草植物。

某次我到普羅旺斯拜訪她，即使她宣稱家中沒有所需材料，仍然堅持我們的甜點一定得是蛋糕。她打開櫃子，找到一包栗子粉，然後靈機一動。她取了幾顆雞蛋，加入蜂蜜（她手邊總是有來自住家附近有機農場的蜂蜜），扔進一把杏仁，加入牛奶，最後將麵糊倒入烤模，就這樣，我們有個蛋糕當甜點了。

那是我第一次嚐到以栗子粉製作的食物，非常美味。她會將剩下的蛋糕做為隔日的早餐。我想所有法國女人手邊總是備有葡萄酒，或許還有香檳。如果櫥櫃或地下室裡沒有存放保久奶，那也不算懂得法式持家術。寫到這裡，我有六大盒可以保存三個月的牛奶。我絕對不會讓家裡沒有牛奶。保久乳在美國並不像在歐洲一樣普遍，但是值得花費工夫尋找。

我認識的法國女人，沒有誰家廚房是沒有麵包的，冰箱裡一定會有備用的，我的冰箱裡也有。這意味著，她們隨時可以端出烤麵包片搭配歐姆蛋。（她們通常也會有一盒吐司脆片，以備不時之需。）

　　艾麗絲用來自她那超大菜園裡種植的番茄和香草植物製作醬汁，每年夏季末都會給我們好幾罐。由於我們家中常備各式各樣的義大利麵，總是可以信手捻來簡單的一餐。

　　另一位朋友丹妮，她會給我們她在朗布耶森林的祕密地點採集到的蘑菇，就在我們住的村子旁邊。有些我會立刻使用，可以做出美味無比的歐姆蛋，或是用含鹽奶油炒過當做配菜。丹妮非常慷慨，因此餘下的蘑菇我會冷藏，加入艾麗絲給的醬汁，和我們廚房窗臺種植的香草植物或是新鮮大蒜和橄欖油一起簡單煎炒即可。我的朋友香塔向本地農夫購買四季豆，每年秋天都會和女兒將四季豆裝罐保存。她的十歲孫女最近也加入家族傳統。「歐姆蛋和四季豆就是我的快餐」她說。

　　若我說身邊每個法國朋友都會自製果醬，絕對毫無誇大（第 252 頁可找到美妙食譜）。這些果醬是朋友間的禮物。對於什麼都不缺的朋友，自製果醬不失為好禮物。有一年，安給了我一罐覆盆子果醬、一罐杏桃果醬，還有一瓶自家橄欖樹榨出的橄欖油，全都裝在鋪著普羅旺斯亞麻餐巾的小籃子裡。我用這個籃子裝麵包放在餐桌上，每次看到籃子都會想到她。

　　法國品牌 Bonne Maman 的果醬和果凝現在幾乎每個國家都買得到，紅白的維希格紋瓶蓋，讓瓶子相當迷人，可以重複使用裝入自製果醬，加上手寫標籤。

　　每年我的女兒安德蕾雅到法國探訪我們時，她的一位兒時好友希爾維都會送來來自她父親蜂巢的蜂蜜。在芝加哥的家中，安德蕾雅在早餐吃蜂蜜時，就會想到希爾維。

Dans le Jardin
在花園裡

以下是我最喜歡的幾個關於花園和植物的照顧技巧：

+ 我發現，灌溉室內植物的水溫必須與室溫相
  同。如果水質很硬，可以加入幾滴醋。

+ 煮過蔬菜或雞蛋、冷卻後的水，對室內植物好
  處多多。根據猜測，煮過馬鈴薯的水是絕佳的肥
  料，而且艾麗絲也說是真的。

+ 我最老的藏書之一建議以下祕訣，可以延長切花的壽命：在花莖末端
  剪一個 X，放進花瓶之前，末端沾浸一下橄欖油。真的很有效。

+ 想要讓玫瑰花束開得更久嗎？將花莖浸入滾水約四吋深待一分鐘，接
  著立刻泡進冰水。我總是會加入冰塊，確保水夠冰涼。我們家有至少
  三十株玫瑰，通常會一路盛開至十一月，有一年氣候溫和，甚至開到
  聖誕節呢。

+ 至於黏搭搭的問題嘛（我不是在說自己，而是黏搭搭的蛞蝓），試著
  在土壤上撒一些咖啡渣，這是我的管家艾麗絲的建議；或者可以試試
  她先生的建議：在小碟子裡放啤酒。蛞蝓顯然很快就醉倒，在夕陽下
  歪歪扭扭地爬走。

+ 想要擺脫植物上的紅螞蟻、蜘蛛和蚜蟲嗎？艾麗絲說：「混合 1/4 杯
  肥皂和 4 杯熱水讓肥皂『融化』。肥皂水冷卻後，倒入噴瓶，噴在植
  物上。」

安德蕾雅還是少女時，便和我開始製作 *bœuf bourguignon*（紅酒燉牛肉），食譜來自安送我當做結婚賀禮的食譜書。現在，她在冬天會一口氣製作一大批燉牛肉，並將部分冷凍起來，當做應變突如其來晚餐派對的對策。感謝安多年前深謀遠慮的禮物，現在我也擁有自己的必勝食譜。數十年來，我時時使用她送的食譜書，書都快要解體了。但是我不想換掉它，因為每次翻開書頁，我就會想到她。

最後，趁我們還在廚房時，別忘了穿上圍裙。幾乎所有我的法國朋友都會穿圍裙，我也一樣。穿上圍裙是一個儀式，表示從一個活動切換到另一個活動。圍裙可保護衣物避免噴濺等意外，而且穿起來也很有趣。我將圍裙分門別類，擁有一小批收藏呢。

居家布置

保持了良好的家事規劃習慣和例行排程，接下來輪到居家布置登場，讓家成為歡迎歸來，時髦又舒服的地方。

一如法國女人對衣物的態度，他或她家的布置絕對不會予人過度完美的印象。老房子和公寓有其力量：挑高的天花板，獨特的裝飾線板、裸露的梁，還有嘎吱作響的拼花地板。窗戶掛上優雅垂落至地面的窗簾。窗簾絕對不會懸在地板上方，這樣的效果很不好看，彷彿窗戶長得太快，「衣服」都不合身了。

法國熟女了解在本質上，布置真正的功能在於舒適。

繼承古董家具的朋友絕對不會把漂亮的餐桌、五斗櫃或書桌當成博物館展品對待。反之，他們會混搭舒服的沙發，丟上幾個漂亮靠枕和毯子，在靠近壁爐處放上單人扶手沙發椅和腳凳。咖啡桌上的書經常堆的老高，書堆中還放著一瓶花。永遠都會有「家」的感覺，反映出一個家庭的品味和喜好。

我的室內設計師好友珍－艾莉亞的解釋精闢：「我們喜歡在家中混搭老東西和新東西。不過最重要的是，我們喜歡完美和 *à peu prés*（差不多）。我幾乎總能從室內設計一眼看出房子是法國還是美國的。因為美國的室內設計，總會給人一種事事必須絕對完美的感覺──高度、搭配等，有時候稍嫌太周詳了。對我們來說，畫像的邊框有點刮痕，略微褪色的窗簾都沒關係。我們喜歡生活周遭裡時間和歷史的痕跡。」

人們踏進我的熟女朋友家中或公寓裡的第一印象，總是感到賓至如歸。安的家非常漂亮，卻不過度奢華。在迪奧工作的瑪蒂德・法薇耶巴黎的華麗公寓曾經上過《Architecture Digest》雜誌，儘管美輪美奐，仍讓人感到溫馨。

我問珍－艾莉亞更多關於裝飾的想法時，她不僅從自己的觀點回答，更提到幾位朋友。「我想這樣你得到的觀點會更多元。」她說。

「在我認識以及曾經前往住家造訪的女性之中，總是可以看到令人喜愛的布置，而且充滿個人特色。我完全理解，要是說法國人的家很漂亮，絕對一概而論到荒謬了，

但是當然啦，這本書談的是完美中的完美嘛。」她帶著一抹了然於心的微笑說道。

「我的朋友一致認為，她們熱愛布置家居，而且時時注意有哪些東西可以讓家裡更漂亮、更放鬆。即使每個人的風格截然不同，我注意到她們的家居風格確實很接近她們的時尚觀和個性，大家都喜歡舒適和實用。她們都說，比起雜誌封面的風格，更喜歡居家感的樣貌，不過她們大都喜歡翻看居家雜誌和網站。」

「每一件放進家裡的東西或許是 *coup de coeur*，也就是看了心情就好的物品。大致上，我的朋友會選擇令人放鬆的物品，而不是那些外觀漂亮的。沒人想要一個閃亮華麗或是巴不得成為視覺焦點的家，而且她們買的都是自己喜歡的東西，無論那樣物品來自何處、價格貴賤，感覺對了最重要。」

「她們大多認為，家族物件或帶有記憶的物品才是迷人的部分。大家都很喜歡在旅行的時候尋找戰利品，那是一種樂趣，對我來說也非常重要。沒人會追隨特定的色彩潮流，不過喜歡現代主義的朋友確實偏好五〇年代的風格，因為那是她們欣賞的潮流。」

這點令我想到另一個住在巴黎的朋友，她的超小公寓從上（層架和櫃子真的一路堆到天花板）到下都是 IKEA 的商品。不過她加入了漂亮的刺繡抱枕、毯子（包括她在跳蚤市場挖到的變形蟲花紋老披肩），還有朋友用超美的設計品牌出清布料做成的落地窗簾。她的織品讓空間變得個人化，而且也反映了她的品味。雖然花費不高，仍然時

Essentials of the French Larder

法式食物櫃必備清單

法國女人的廚房櫃子裡總是有下列物品:

米

義大利麵

麵粉

罐裝番茄

洋蔥

大蒜

馬鈴薯

番茄糊

高湯
（雞、牛、蔬菜）

粗海鹽和黑白胡椒

堅果

香草和辛香料
（大蒜、羅勒、龍艾蒿、迷
迭香、肉豆蔻，以及裝在小
布袋裡的現成綜合香料束）

蛋

魚罐頭
（鮪魚、鯡魚、鰻魚、
沙丁魚）

豆類

水果乾

咖啡、茶和花草茶

尚的不得了。

通常家居牆面都採用中性色，中性色彩也是有優點的。（我嫁給一位法國建築師，他對中性色彩簡直著迷成痴。）背景不複雜，因此效果就像一塊畫布，可以隨心所欲地以鏡子、相片或任何喜歡的東西「打扮」它。

我最要好的美國友人之一是知名的室內設計師，也是法國文化狂熱者。她的許多客戶找上她時，都是因為想要法式布置。「可是重點來了，」她告訴我：「他們希望一切完美無瑕。他們不希望老衣櫥看起來舊舊的，而且即使他們指名要博物館等級的家具，也不想看到因為年代久遠而產生的古舊感。一切都要看起來閃亮簇新。」

法國人家裡，即使出自知名設計師之手，例如幫瑪蒂德·法薇耶布置巴黎公寓的賈克·格朗傑（Jacques Grange），走進前門的第一印象一定是空間的美，白色的牆、挑高天花板、壁爐，各種鮮豔色彩和中性色的混搭碰撞、鋪著地毯的地面、垂到地面的洗舊白窗簾。這些都能立刻令人感覺好有個人風格，感覺像個家，感覺待在這裡一定很幸福平靜。在瑪蒂德的公寓裡，查理王小獵犬果麥（小狗成為她家的新成員）會迎接你的到來，你會覺得，真是溫馨舒服的家啊！這間公寓就是瑪蒂德的化身。

整體而言，處處都是隨性的優雅。毯子沒有整齊摺好，隨意扔在家具上；枕頭中央也沒有在非法式家居中常見的「打一拳」刻意營造的凹痕。

安繼承了裝滿家族美麗家具的小倉庫，多年後她也將許多家具傳給她的六個孩子。她保留最喜愛的幾件家具，

祖母的祕訣

這些來自一本很老的法文書，叫做《祖母的祕訣》
（Secrets des Grandes-Mères）。有些訣竅大家都
很熟悉了，不過全都非常受用，我想仍然值得在這
裡列出來：

- 想讓酪梨熟透，可與香蕉一起放入紙袋 24 小時。（我女
  兒説這一招對蘋果或奇異果同樣有效。）

- 想增添水煮胡蘿蔔的風味，可在水中加入一小匙泡打粉。
  若希望風味更濃郁，起鍋前加入一塊含海鹽粒的奶油。

- 要消除烹煮花椰菜時的氣味，以及偶爾出現的苦味，在
  水裡放一片乾掉的白麵包、一個乾淨的軟木塞（不是從酒
  瓶上拔出來的），或是一塊方糖和少許檸檬汁。

- 想避免四季豆顏色變暗，在水中加入一小撮泡打粉，水煮
  時不要加蓋。

- 要避免水煮蛋的蛋殼裂開，在鍋底放一支茶匙，而且一定
  要在冷水時放入蛋。

- 食譜需要分離蛋黃和蛋白，但是不小心一起掉進碗裡時，
  將蛋黃和蛋白一起倒入漏斗：蛋白會流出來，蛋黃不會。

不僅適合她家與她的生活方式，更混搭了一些較舒適的現代家具，像是輕鬆的沙發，還有大大的玻璃咖啡桌。

我想我造訪過的法國人家中，總是放滿香氛蠟燭，咖啡桌上一定會擺一個。事實上，蠟燭不論有無香氣，在整體氣氛中扮演了重要角色。

經常在空間裡播放輕柔的音樂。法國的古典樂和爵士樂電臺幾乎沒有廣告，因此成為日常收聽的絕佳選擇。幸福美滿的家居收藏各式感官饗宴，這就是整體的概念。

談談收藏這個話題

收藏讓房子變成一個家。收藏就是自然而然吸引我們的物品全體，最後能將喜悅帶入家中。有些收藏是珍貴回憶的紀念，或是延續很久以前某位法國女人（或男人）的母親或祖母的回憶。

收藏是家的配件：無論有意識或不知不覺地建構而出，收藏都會反映我們的喜好，讓我們以心愛的事物包圍自己。這就是讓房子變成家的最迷人的元素之一。

我愛死籃子了，收藏了一大堆，但並不是刻意的。有一個特大號籃子就擺在壁爐旁，放滿用來生火的細小木條和松果；浴室有兩個籃子，用來放保養和沐浴產品；一個放在廚房，用來裝餐巾；四個小籃子放在窗邊排成一列，裝著香草植物——羅勒、百里香、芫荽、薄荷；還有一個在臥室，用來收納雜誌。

安收集公雞，範圍包括任何能想像得到有公雞的圖像或物品，但是她現在後悔莫及。數十年下來，公雞物品變成親朋好友送她禮物的不二之選，說她就像開養雞場都還嫌太含蓄了呢。「我試圖記得哪個是誰送我的，他們來訪的時候，我就會拿出他們送的公雞，拍去灰塵，展示在廚房的公雞堆中。」她說。

我們在此學到另一課：許願時要很小心。

我收集銀杯，法文叫做 *timbale*，是法國最經典的新生兒禮物。這些收藏和我們家裡許多其他東西一樣，早在我來到世上之前便已存在。我單純視之為一項美好的傳統，想要保留下來。我有幾個帶把手的銀杯，並非法式的 *timbale*，而是來自我的家族，以及多年來我在各個跳蚤市場找到的。我並不特意尋找銀杯，但是只要看到喜歡的，我很可能就會買下來。

我把這些銀杯當做花瓶，裝水放進花或小型植物，或是排放在餐桌上，裝些我在花園裡找到的一些有的沒的，包括香草植物。

我的書桌上擺著兩個銀杯：一個裝色鉛筆，另一個裝筆、剪刀、尺還有一個古董放大鏡。臥室書架上，三個銀杯排排站在書本前，杯中裝著從我們花園摘來的乾燥繡球花。

飯廳的邊桌上放了兩個銀杯，裝著骨柄乳酪

刀和銀色蛋糕叉。另一個較小的銀杯裝著銀製和琺瑯的小咖啡匙。

　　和我相識超過三十載的藝術家好友艾狄絲收集蛋杯，已經算不清自己擁有多少個。沒錯，她會用其中幾個裝蛋，或是放在餐桌布置中做裝飾，每個蛋杯裝一朵花或祈禱蠟燭，不過她畫畫時也會用幾個蛋杯混調顏料。

　　泰麗・琅茲伯格收集銀器、玻璃製品和瓷器。事實上，她買下所有聖羅蘭的銀器，全部收藏在一個像行李箱的漂亮盒子裡，放在她的巴黎家中。她的櫃子裡滿是精緻的水晶和骨瓷，整組陳列，美得令人屏息。

　　她的收藏足以讓她輕鬆款待超過一百位客人用餐。如果要我請十個人到家裡吃晚餐，一定會急到昏倒送醫吧。

　　（我不知道到底是先天還是後天的，不過我認識的每一個法國女人，對於舉辦大型晚餐派對總是一派冷靜從容。她們泰然自若地扮演女主人的角色，總是令我自嘆弗如。）

　　我也收藏餐具。每天使用一樣的餐盤讓我感到很無趣，所以我會常常輪流混搭使用。

　　即使最平凡無奇的一餐，至少在視覺上都會顯得更有意思。玻璃杯也一樣。我們鎮上有一間非常漂亮的店，由一對母女經營，一半是花店、一半是居家用品店。我的日常用餐盤、玻璃杯和色彩繽紛的碗幾乎都是跟她們買的。去年聖誕節我買了銀色玻璃水杯，今年買紅色的。

　　幾年前，我開始送安德蕾雅蔬果主題的繪畫和印刷品。有些是法國藝術家 Giles 的畫作，有些則是我在巴黎和

鄉下的跳蚤市場挖到的老印刷品，現在這些東西的數量已經達到收藏的定義了。

感謝我親愛的朋友們

數十年來，我深受在法國友人家中的所見所聞影響，從艾狄絲的波西米亞風和香塔的隨性鄉村風（她的三隻狗將家裡弄得到處都是泥土，但是她並不在意），到安精雕細琢的優雅，還有珍－艾莉亞從她居住過的各個國家——包括美國——搜集來的各式收藏混搭出大膽又漂亮的布置。她們的共同點，就是把精心規劃和萬全準備放在首要。

她們，以及我採訪過的專家們，打造出堅實的基礎，讓維持家的美和功能性相對容易，如此便有時間享受辛勤的甜美果實，這就是極致的目標 *cerise sur le gâteau* ——蛋糕上的櫻桃。

4

款待：待客的藝術
Entertaining

　　在法國，「款待」這件事被稱為 *l'art de recevoir* —— 款待的藝術，而這是頌揚法式生活藝術最佳、或許也是最令人享受的方式之一。

　　「款待」透露出給受邀者禮遇的感覺。無論是走輕鬆隨性路線 —— 例如臨時打通電話說「丹尼爾要開一瓶好酒，我想做道歐姆蛋，而我才剛從菜園摘了顆生菜，等下還會變出甜點。現在過來吧！」或是提前一個月寄出正式的親筆邀請函，共享一餐總是歡慶的場合。沒有人比法國熟女更擅長做這種事了。

　　我採訪過的女性，每次都會談到她們是如何受到母親和祖母的影響，才能創造我在她們家中體會到的那種優雅氣氛，以及待客時的怡然從容。在迪奧工作的瑪蒂德・法

薇耶說：「在成長過程中，我們一直被教導讓餐桌和家令人愉快的重要性。例如在計畫晚餐派對時總會思考，怎麼做會讓我的賓客開心？他們會想吃些什麼？我深信全心款待、取悅客人是很重要的。布置漂亮的餐桌更是一椿樂事。

我的母親準備餐桌時，總有可以多容納一個人的空間，加入我們永不嫌晚。她讓一切顯得輕鬆無比，也會向

我們展現如何才能夠做到這一點。多虧有她，姊妹和我都熱愛宴客。」她說。

令我開心的是，女兒安德蕾雅也很享受在家作東，即便生活忙碌，她還是經常宴客。成長過程中，她在法國好友潘蜜拉的家度過大把時間。潘蜜拉是安的女兒。他們視安德蕾雅為住在美國的遠親。

（安德蕾雅很愛窩在潘蜜拉家，因為總是充滿了大家族令人興奮的情境與娛樂活動，六個小孩和表親擠滿各個房間，鬧哄哄地充滿歡笑，潘蜜拉反而喜歡待在我們家，因為很安靜。從我們的角度來看，同為獨生女的安德蕾雅和我，從來不懂家裡靜悄悄的有什麼好玩。）

安德蕾雅經常邀請友人到芝加哥的家中共進週日早午餐。她的早午餐活動非常歡迎兒童加入，不過舉辦大人晚餐時就不會邀請他們。我的孫女艾拉總會披著睡衣，對客人們說「哈囉」和「晚安」，然後和保母一起消失，整個晚上不見蹤影。安德蕾雅讀高中時，我們很愛一起做菜，在家請客。她的廚藝精湛，大多數的週末，她都會事先做好料理，然後臨時邀約朋友共進晚餐。杏桃塔是她最愛的甜點之一，她說不僅美味，而且「超級簡單」。我覺得自

己是讓她願意在美國延續某些法國料理傳統的原因。

　　對於營造完美家宴的配方，我最欣賞的法國歷史與處世智慧觀察家史岱凡・柏恩說過一句非常實在的回答：「客人的體驗應該是 *bon*（好）且 *beau*（美）。」換句話說，賞心悅目的外表能為美味的食物加分。

　　這種必勝組合一點也不複雜，而且還能促進餐桌上的溫暖與連結。帶著這份心思，平日的家庭晚餐也能為忙碌的一天劃下完美句點，成為家庭的傳統。

餐桌的藝術

　　從素簡的平日晚餐或週日午餐，到較精緻的餐宴，對法國人而言，款待客人是傳統的一部分，再自然不過。

　　即使是最簡單的日常待客，法國人從來不會忽視餐桌的藝術。以經典白色或混搭不同顏色和花紋的餐盤，選用真正的餐巾，放上餐墊或鋪上桌布，還有美麗的玻璃杯，布置一張迷人的餐桌一點也不花時間。餐桌中央可以放幾盆香草植物，幾片秋葉，或是手邊可取得的任何東西。不同季節的產物都值得放在餐盤裡和餐桌上好好欣賞。

　　某天晚上，我將碗盤放入洗碗機後，姪女亞麗珊卓打電話來，邀請我們隔天共進午餐。她去度假一個月，才剛回到巴黎，她的家人預計一週後才回來。因此只有我們夫婦和她三人。她在鄉間房屋的小露臺上布置好餐桌，上面放著白色餐墊、紅色餐巾，還有藍色與白色的盤子。餐桌

中央，則擺上一支裝在陶罐裡的迷你玫瑰。

　　她準備了三道沙拉：酪梨鮮蝦、經典的番茄和莫札瑞拉乳酪，以及覆盆子和甜美多汁的扁桃。小籃子裡裝著多穀長棍麵包切片，她還端出一盤每片大約只有硬幣大小的甜餅乾，搭配甜點後的濃縮咖啡。這些全都是她一早出發到辦公室前準備好的。午餐後，她快步跑去搭地鐵，繼續下午的會議。一切看起來如此輕鬆簡單。

　　我待在「厄潔妮草原旅館」的時候，露臺上的圓形金屬桌中間交叉鋪著兩條藕色亞麻長桌旗，克莉絲汀‧蓋哈在那裡擺了三顆檸檬，相當可人。其餘的布置單純又簡潔：白色餐巾、白色餐盤、無花紋的玻璃水杯和葡萄酒杯。花園就是最美好的**陳設**，這正是我們在自家涼亭宴客時的感覺，身旁盡是玫瑰花叢、燈籠，惹人喜愛的垂柳輕輕落在亭頂，一陣清風拂過葉片時就會發出最美麗的聲響。

　　擔任迪奧的 Maison Dior 精品店中閃亮商品幕後操盤手的多瑞絲‧伯連納則說：「任何人都能準備美味簡單的料理，布置出漂亮的餐桌。這一點也不難。」她說的很對，不過這一課卻花了我一番力氣才真正學會。

　　過去的我，曾經是個容易焦慮的女主人，連菜單上最微不足道的細節都會讓我發愁半天，擔心朋友是否玩得開心、是否抓準出菜時機、菜餚會不會過熟或是半生不熟……諸如此類的小事。我確實發生過一次宴客慘案，主因是我對文化差異的誤解。當我向先生表達宴客想法時，連他都沒想到哪裡有問題。

　　「我們來辦個元旦 *open house* 派對吧！你覺得如何？」

我滿心歡喜地說。「有何不可？」他回答。

於是我寄出邀請函，開始準備、準備、再準備。如我前面說過的，宴客並不是我的天性。亞歷山德（我先生）負責香檳和其他酒款與乳酪的選擇和搭配，我雀躍不已地布置飯廳，準備一**大堆**食物。美國人都知道，*open house* 的概念是一整天裡都會有客人陸續到來，但我早該想到，這個概念並不存在於法國美食文化。（幾十年後法國才終於開始流行早午餐，現在已經很普遍了。下午一點午餐才上桌的國度，誰會在早上十一點開始吃飯啊？）*open house* 看待食物的方式，在一個用餐時間分明的國家顯得很沒道理。

幸虧我們的朋友很配合，早上稍晚便陸續抵達，直到接近傍晚時分，但他們幾乎什麼都沒吃，更別說喝酒了。對他們而言，假期已經結束了。整個十二月他們都在（相對地）大吃大喝，一路到元旦凌晨，已經吃夠了。氣泡水和礦泉水就是最佳雞尾酒，他們出於禮貌稍微吃了一點蔬菜冷盤。我認為自己在較油膩的料理旁準備了生菜真是明智之舉。這種小小的災難只發生過這麼一次，我也學到一課。法國人會放縱享樂到一個時間點，然後立刻打住，開始償還代價，我這個案例的時間點就是元旦。

從那天開始，我宴客都以晚餐派對為主題。

祕訣就是：簡單

名廚和出色的女主人總會說，端上桌的食物簡單就

好，然後他們會補充一句：「當然還要美味。」最好是啦！

採訪巴黎布里斯托酒店三星主廚艾瑞克‧佛萊匈時，我提到或許他的朋友不敢邀請他和夫人到家中吃晚餐。*Au contraire*（正好相反）他說。

這句「正好相反」是有附加條件的：他告訴朋友們，「做好你會做的。盡可能用最好的食材，一切簡單、從容就好，放輕鬆。」

所有的大廚都會強力建議盡可能使用最好的食材。千萬別白費力氣，想要把非當季的食物烹出美味，那是行不通的。無論你的油醋配方再怎麼獨到出眾，十二月的番茄沙拉保證讓人大失所望。

佛萊匈推薦冬天可以做美乃滋拌芹菜根絲（celery rémoulade），春天用荷蘭醬搭配新鮮蘆筍，夏天就以油醋搭配番茄沙拉做為前菜；烤雞搭配洋蔥和蘑菇是全年都適合的主菜，當然一定不能缺少所有大廚的最愛——Ratte 品種馬鈴薯，稍微水煮後去皮，以奶油煎過並撒上海鹽。至於甜點，他建議做道杏仁奶油餡蘋果塔。

每一位我認識的法國女人，都能輕鬆做出自己版本的蘋果塔，而且絕大多數都是向祖母學來的，包括在她們大概八歲的時候，就開始負責削蘋果皮和切蘋果。

「夏天，紅色莓果沙拉搭配巴黎老牌冰淇淋店 Berthillon 的香草冰淇淋就是最完美的組合。」佛萊匈補充。

這可是從**熱愛完美**的男人口中吐出的話，而且他承認每當有新食譜的點子時，可能必須要花上十到十五次實

驗，搭配各種食材，直到他滿意成品為止。

然後，學到新知識的我，繼續追問關於乳酪和白酒的搭配。「適合搭配乳酪的白酒比紅酒多。」他堅稱：「不過我倒是挺喜歡以不甜的蘋果汽泡酒搭配卡門貝爾乳酪。」他喜歡的葡萄酒包括：2015 Marcel Lapierre Morgon、某款 Meursault 一級園和 Domaine Jamet Côte Rôtie。

學習一點葡萄酒知識、懂得如何讓幾道簡單的食譜更完美，以及如何結合以上兩者，就是出色宴客的關鍵。反正，我們和米其林星級大廚有什麼好比的呢？

出類拔萃

法國熟女都有一套百戰百勝的食譜，她們的從容仰賴個人的料理天分。我在巴黎有幾個朋友知道該上哪去採買最好的食物。宴客時，她們也許（也許沒有）自己準備一道主菜，還會確保麵包、乳酪和甜點美味無比。

多瑞絲・伯連納很享受宴客，還說對她而言，「做菜讓我放鬆。」我知道其他女主人比起備餐過程，更重視擺盤，但是美觀不代表料理必然美味。

瑪麗－路易絲（Marie-Louise de Clermont-Tonnerre）是香奈兒的公關總監，也是法國熟女，是我許多年前初抵法國時最早認識的人之一。她一如大家的想像，優雅風趣，居住的公寓美不勝收，可眺望巴黎皇家宮殿（Palais Royal）的庭園，還很喜歡在家舉辦八人晚餐派對，認為布

置美麗的餐桌是件令人放鬆的事。

然而，比起親自動手下廚，她更偏愛為自家派對尋找頂尖美味料理。

「我身邊不乏頂級產品供應商，」她說：「在法國宴客很輕鬆，因為永遠可以找到佳餚和佳釀。我不會準備複雜的晚餐，但總得把餐桌布置漂漂亮亮。」她補充說明。

偶爾，瑪麗－路易絲會放棄住家附近名店裡精緻的甜點，反而會去我們——意指所有法國女人、所有我認識的女人——包括我自己，都喜歡的大賣場 Picard，一家絕對令人難以置信的連鎖冷凍食品店，販售任何你想像得到（或更多）的東西，可以變出一套精彩的全餐：從開胃小點、海鮮到令人搖身一變成為廚藝高手的醬汁，還有優質麵包與出色甜點，簡直就是一塊寶地。我非常願意打賭，沒有哪個法國女人不曾到 Picard 尋求廚房裡的一臂之力。

我的室內設計師朋友珍－艾莉亞足跡踏遍全球，也是位出色的女主人，她說她喜歡宴客簡單就好（懂了嗎？簡單才是重點），這樣她才能多花時間和客人相處。我向她請教最喜歡的幾種宴客方式，得到的回答不僅有意思，也很值得效法，我想應該和讀者分享。

和安一樣，珍－艾莉亞的賓客入座時，第一道菜已經在餐桌上，如此一來，從雞尾酒到晚餐，都能順暢銜接。

「至於正式的宴客，我會依照不同季節，以白豆或漂亮的喜馬拉雅鹽岩襯底增添穩定性再放上生蠔，或是將切片的肥肝放在香料蛋糕（pain d'épicés）上面點綴焦

糖化洋蔥。

「我盡量讓烹飪工作減至最少。」她說。

「主菜可能是紅酒燉牛膝或白醬燉小牛肉。我總是會端出能夠事前準備好的料理，原因有二：一來可讓室內烹飪氣味消散，二來我也有更多時間坐在餐桌上。我一定會端出沙拉和乳酪。

甜點或許是巧克力慕斯，或是燉洋梨佐大茴香糖漿。你看，又是可以事先輕鬆準備好的東西。然後我就能將心思花在布置上啦！」無論正式或非正式宴客，珍－艾莉亞總是能夠組合出有創意又不複雜的菜單。

她說：「夏天我會端出西班牙冷湯，加入切碎的西瓜，還有小黃瓜丁和番茄丁，以及麵包脆丁；或是某種蔬菜冷湯，像是小黃瓜冷湯，加入少許切碎的鳳梨或薄荷。」

「我常常選擇莫札瑞拉乳酪。一定要水牛乳酪，搭配番茄片和少許黑橄欖醬。

「班乃迪克蛋是四季皆宜的選擇：用朝鮮薊芯搭配煙燻鮭魚和荷蘭醬。冬天我會選擇熱湯，像是花椰菜和少許鮮奶油，或是單一道鹹派。至於主菜，我還是選可以事先準備好的料理，如果我想要來點異國風就會端出北非小米，或是杏桃乾燉雞。

「甜點可能是栗子泥佐法式鮮奶油，或奶油乳酪搭配覆盆子醬汁或梅子果醬，或品質極優的雪寶（sorbet）等。我常常會上 Marmiton.com 網站找食譜，不過說到白醬燉小牛肉，我絕對是《廚藝之樂》（*The Joy of Cooking*）的忠實信徒，那是登峰造極之作。

「我犯過幾次錯，發生過幾次災難，像是異國辛香料放太多或是菜餚過熟，但是整體而言，只要能以料理促成親朋好友共度時光，而且在料理和裝飾上發揮創意，我就覺得很幸福了。」

關於葡萄酒

如果對葡萄酒有任何疑問，到有口碑的葡萄酒專賣店請教專家就能解決難題。我則是仰賴我的先生。我也很喜歡和餐廳的侍酒師攀談，聊聊他們最喜歡的葡萄酒，以及他們會如何搭配各式食物。這些人沒有一個不樂於分享他們的建議。

諸位大概可以想像，巴黎五星級文華東方酒店的首席侍酒師，同時也是世界侍酒師大賽亞軍的大衛·畢侯（David Biraud）有多熱愛他的工作，不過他可不是民族沙文主義者，他也很喜歡從其他國家的葡萄酒中得到新的體驗。「我喜歡在世界各地旅行品酒。」他說：「我很享受體會不同氣候與生長條件下釀造出的各種葡萄酒——太令我著迷了。」

身為記者，我總是渴望學習新事物，或發現某些意想不到的事情，在我與畢侯先生的訪談中，我真的如此感受。他同意艾瑞克·佛萊匈的看法，許多乳酪應該搭配白酒享用。「大概 99% 的乳酪都應該搭配白酒，」他說：「要是以卡門貝爾或布里（Brie）乳酪搭配一款細緻的陳年紅

酒，那就太可惜了。」

　　採訪生涯中我最喜歡的對象之一，是可愛的
尚－安德烈‧夏利亞，他是萊博德普羅旺斯酒店的
主人，也是酒店米其林二星餐廳的主廚，和才華
洋溢的妻子珍薇葉一起，從春、夏到早秋款待來訪
的賓客，冬天則移師阿爾卑斯山的精品旅館靈雲
酒店（Le Strato），地點就在超級時髦的谷雪維爾
（Courchevel）滑雪站。

　　在一次對談中，我請他告訴我幾個最喜歡的乳酪
和葡萄酒搭配組合。他說他喜歡桑賽爾（Sancerre）的
白酒搭配山羊乳酪（Chèvre），波爾多 —— 尤其是格拉
夫（Graves）的 Château Haut-Bailly —— 搭配聖涅克塔
（Saint-Nectaire）乳酪，還有索甸（Sauternes）搭配洛克
福（Roquefort）乳酪。

氣氛的魔力

　　不久之前，好友法蘭索瓦茲‧杜瑪邀請我到星期一休
館的奧塞美術館，參加一場由她規劃的晚宴。那是「美術
館之友」慈善晚會，明豔照人的賈珂琳‧瑞帛是我們的女
主人。

　　從菜單上可以發現沒有乳酪。由於晚宴辦在星期一，
許多賓客隔天還要工作，可能並不想要在餐桌上耗費幾個
小時。

「這幾年，簡短的晚宴變成一股潮流了。」法蘭索瓦絲說：「若是辦在平日晚上，大家幾乎都希望能在十一點之前回到家。」

晚宴從塞尚的畫作巡禮開始，接著到美術館屋頂品飲香檳，晚餐則在金碧輝煌的私人沙龍進行。我們一踏進偌大的沙龍，就看見排成一長列的圓桌，鋪著深褐色桌布，擺放滾著金邊的餐盤、三隻雕花水晶玻璃杯、白色餐巾，每張餐桌的中央還有一叢豐盈的低矮花飾：同色系的珊瑚色芍藥、玫瑰還有葉片爭相怒放，彷彿剛從鄉間花園運來，直接隨意地放進閃亮的金色花瓶。花瓶底部三三兩兩地擺放祈禱蠟燭，簇擁著各色小蘋果，還有串串綠葡萄，呼應塞尚的靜物畫。

你發現了嗎？宴客可以簡單也可以華麗，但不變的是細心和體貼。我的餐桌上常有些較有創意的布置，其實靈感來自我曾見過由知名設計師操刀、並與巴黎最頂尖花藝家合作的奢華晚宴，我再加以變化用在自己家中。

珍－艾莉亞說，舉辦較正式的宴會時，她僅是加上更多裝飾。

On the MENU

ENTRÉE（前菜）
白蘆筍佐鮮奶油醬

PLAT（主菜）
小牛里肌佐春蔬

甜點
兩種草莓佐羅勒泡沫

葡萄酒
2016 年 Mouton Cadet Blanc 和
2004 年 Château d'Armailhac

「我的正式版本，就是多一點銀器，多一點高級玻璃杯，還有刺繡亞麻織品。我也會在鮮花上花大錢，然後拿出大型燭臺。」她說。

「正式的餐桌布置通常選用白色桌布和餐巾、水晶玻璃杯、優質銀器，還有裝飾較少的餐盤——不過我很喜歡使用有趣的前菜盤，以及獨特的甜點盤或碗。我從來沒有成套的餐具，也從來沒想過要有。這就像從頭到腳只穿一位設計師的服裝，或是成套的臥室家具，太無聊了。

「我通常會先看看自己有些什麼，從中尋找靈感。我一定要有個主題。主題是紅色餐桌時，我可能會先從橘紅色條紋的 Murano 藝術玻璃杯著手，然後可以選擇覆盆子紅的寬邊餐盤，還有不同色調的紅色亞麻餐巾。接著是亞麻餐墊，有時候用白色、有時候用淡藍色。為了呼應各種紅色，我會用紅珊瑚枝當做刀架。通常我會在餐桌中央擺放黃色的花朵或單純的綠葉植物。如果我沒選擇鮮黃色的雙頭燭臺，就會擺上五、六個丹麥白瓷，搭配金色金屬材質、頗具現代感的燭臺。

「不過布置餐桌時，我喜歡廣納混搭形形色色的風格和時代。我用高腳冰淇淋碗裝湯，甜點則放在小碟子裡，如果搭調的話，下面還會襯著大片異國風情的葉片（我家附近有間非常有創意的花店）。我有幾個朋友，在餐桌布置方面非常有創意，他們用手繪餐盤，從各處搜集來的彩色玻璃杯，還有像是象牙和黑檀木質的古董胡椒鹽罐組。」

靈感俯拾皆是，而且無論財力是否雄厚，我們都擁有創造力。

我們很幸運擁有一座大花園，無論什麼季節，我總是能夠在花園裡找到些什麼，在最後一刻加入餐桌布置。早春時，園子裡有連翹和紫丁香——白色和淡紫色兩種都有，接著是杜鵑花、繡球花、玫瑰、芍藥、忍冬和薰衣草。到了深秋和冬季，紅葉石楠的紅綠葉片閃閃發亮，還有簇簇小白花；其他灌木掛著可愛的紅色漿果，我們的松樹還會落下數以百計的松果。我們的花園最深處，夏天時可以挖起大把野胡蘿蔔花，讓這種細緻可愛的野花為花束增添迷人的清新感。

我們的花園裡有一棵古老的松樹，聖誕節時總有取之不盡的木枝，我們的許多樹上還有槲寄生，後來有朋友告訴我那是寄生植物，但我還是覺得它們很美。

屋後的原野上，可以找到麥稈和罌粟花。圍繞我們小鎮的朗布耶森林裡，有許多野花，地上還有各式各樣可撿拾的樹枝。有些樹枝會被我拿來布置，但不盡然都在餐桌上，因為這些樹枝造型太戲劇化了，高高堆起時反而阻礙餐桌上的交談。聖誕節時，我會清理這些樹枝，將它們噴成銀色和白色，隨意插在未擦亮的鍍銀大甕裡。這些樹枝極富節慶氣息，效果強烈，因此我會擺放到三月。

如同我前面提過，我不喜歡人造花，我的朋友也不喜歡。不過手藝精湛的巴黎花藝設計師與老師卡瑟琳‧慕勒，向我展現或有或無漿果的迷人枝條，可以混搭帶長莖

的絲質連翹或蘋果花，希望讓我改觀。

她確實辦到了，但是她也不喜歡假花束或人造植物。如果拾來的枝條和松果有剩餘，我們會拿來生火。

沒有什麼宴客方式比壁爐中啪滋作響的火焰更溫馨了。深秋和冬季的晚餐派對，我們總是先在壁爐前喝香檳，飯後喝咖啡、花草茶，吃巧克力。只有我和先生兩人時，在寒冷陰暗的夜晚，我們常在爐火前吃晚餐。

某年除夕夜派對，安在小小的鍍銀相框裡，用彩色墨水寫上我們的名字，標示我們的座位。當天晚上結束後，她將相框送給我們當做新年禮物。

克莉絲汀‧蓋哈心中充滿浪漫情懷，她布置的餐桌就和她的人一樣。「孩提時代，我最喜歡童話故事了，我努力不要喪失故事中不可思議與充滿想像力的感覺。」她說。在我坐的餐桌上，她擺了一隻棕銅色的兔子，一個古董迷你木製鳥籠，籠門是打開的，赤燒陶花盆中種著玫瑰，放上祈禱蠟燭，四處散落黃色和紅色的小蘋果，全都在放在圓桌上，桌上鋪著米色亞麻及地桌裙，還有米白色條紋相間的桌布。

「我認為如果我們不浪漫，就不可能做出任何了不起的事。」她說：「做夢是一定要的！」

餐桌上的元素

到這裡，你現在一定非常確定，我是一個著迷於餐桌

Wine: Enhancing the
葡萄酒：
讓品飲體驗更美好

飲用葡萄酒是特別又複雜的經驗，其中結合了許多事物，包括對的酒、對的時刻、對的場合，還有對的人。氣氛就是品飲葡萄酒的樂趣之一。

為了理解飲用葡萄酒時歡暢快感的細微差異，我請大衛‧畢侯分享幾個訣竅和祕密。

- ⟡ Pouilly-Fuissé 是我最喜歡的葡萄酒之一，他告訴我，這款酒是搭配肉類的絕佳選擇。法國人通常排斥以白酒搭配肉類──和我一起生活的那位法國男士便是如此。事實上，他吃什麼都配紅酒，從魚到乳酪皆是，完全無意探索白酒的豐富可能性。

- ⟡ 「馬德拉酒、雪莉酒以及香檳永遠是絕佳的開胃酒選擇。」畢侯説。我沒有問出口的是，「香檳哪時候不是最佳選擇了？」

- ⟡ 畢侯從年輕時就開始建構自己的 *cave*（酒窖），他會仔細研讀各產區每年的品質，以及酒款在未來是否有成為偉大佳釀的陳年潛力。「建構自己的酒窖必須要有耐心，」他説：「葡萄酒需要時間陳放，其潛力才得以臻至成熟。」

- ⟡ 收藏葡萄酒這件事，本身就是一場大冒險，他這麼告訴我。收藏者的個性和品味會反映在選

擇的酒款上，這也增添了另一層樂趣。每一款酒都可以有一個故事：你如何找到它，為什麼喜歡它，如何飲用它。

↝ 許多人認為粉紅酒是專屬夏天的酒款，不過依照畢侯所言，我們可錯過了粉紅酒和野禽的美味組合呢。

↝ 「麗絲玲，」他說：「很適合搭配煙燻鯖魚。」

↝ 真正的葡萄酒迷一致同意，品飲葡萄酒時最重要的元素之一，就是能夠看見並欣賞酒色。因此他們說，葡萄酒杯必須是透明的。事實上，畢侯說如果是最高級的水晶玻璃杯更好，「因為這能帶來最極致的品飲體驗。」

↝ 對我們這些喜歡彩色葡萄酒杯裝飾效果的人，畢侯認為我們必須摒棄這種衝動（不過還是有金、銀、彩色杯緣或是彩色杯梗可選擇），幸好，畢侯熱愛香檳，尤其喜歡粉紅香檳。「粉紅香檳的層次更豐富，」他說：「而且平易近人又充滿節慶氣息。只要粉紅香檳在手，任誰都會眉開眼笑。」

藝術的人。我的興趣主要在餐桌藝術的起源和禮儀——有些一度被接受的行為其實令人無法想像，甚至對現代人來說簡直感到震驚呢，還有數世紀以來習俗的變革。

從我的觀察和延伸研究中，我發現除了逐漸變得優雅的餐桌禮儀（例如，沒有任何男主人或女主人會在餐桌上放一個杯子，讓賓客輪流共用），用餐的歷史、習俗以及儀式是了解一個文化的傳統和美學偏好的有趣方式。

由於探索歷史讓我覺得十分有趣，我認為或許也應該和讀者同樂，分享我的發現。先從飯廳成為有專門用途的空間這個概念談起，然後是玻璃杯、餐具、餐盤、織品、禮儀，還有其他許多，以下是幾個我最喜歡的發現：

LES SERVIETTES · 餐巾

一如所有與法式待客藝術有關的事物，在一切現代化之前，曾有一段精彩的歷史。先不談羅馬帝國時代的餐巾起源，我直接從餐巾在法國的變革談起吧！

中世紀時，桌布邊緣會垂落堆在用餐者的大腿上，以供擦拭嘴巴和雙手。後來出現尺寸大如床單的桌布，掛在用餐的房間一角。用餐者有需要時，就會以這條共用的布巾擦手和嘴巴。

文藝復興時期，以玫瑰水增添些許香氣的亞麻餐巾成為高雅的家用品，尺寸比現代最大的餐巾還要更大。

十九世紀時，餐巾開始加上刺繡和蕾絲等裝飾，象徵

了某種社會地位。二十世紀初期，漂亮的餐巾——通常是手工刺繡的——和桌布成為年輕女性嫁妝的一部分，是繼承自家族的物品，並且要在未來傳給下一代。

有些女主人主張午餐時，餐巾要放在餐桌上或餐盤上，但是對於較正式的晚餐，餐巾不應該遮住餐盤，因為餐盤通常帶有精美繁複的裝飾。因此，餐巾應該要放在餐桌上叉子的左側。然而，法蘭索瓦茲・杜瑪卻依隨她的老師——瑞帛女伯爵——的教導，總是將餐巾放在餐盤上。

「從餐盤上拿起餐巾時，看見底下的圖案總會有令人開心的小發現。」她說。女主人入座拿起餐巾時，就是賓客可以跟著做的信號。

餐巾放在大腿上時，絕對不可以完全展開，而且我被教導，餐巾絕對、絕對不可以放在玻璃杯裡。

LA NAPPE・桌布

桌布下方一定要放一張保護襯墊，不僅可以保護潑灑出來的湯汁和熱燙的料理，也可以增加舒適度，讓桌布顯得更柔軟，是讓餐桌更優雅的小細節。

桌布至少要從桌緣垂墜十二吋，可以接近椅座，或是選擇精緻優雅的落地桌布。若為落地桌布，餐椅就必須稍微拉出桌子，以免破壞垂墜的線條。在落地桌布上另鋪一張桌布，可以為整體增添時尚的層次感。

Boutis 是指材質輕盈的床罩，以普羅旺斯軟襯刺繡技

La Salle à Manges

飯廳

飯廳，一個專門設計用來吃飯的房間，是相對新穎的概念——就歷史方面來說是新穎的。

中世紀時，法文 *dresser la table* 這句話的意思是「搭起餐桌」，而非「布置餐桌」。用餐的桌子是「搭建」起來的，可以依照季節，又或許是居住者一時興起的念頭，隨意到處移動。搭建餐桌包括將一塊大木板放在木製支架上，再鋪上及地布巾巧妙遮住支架，依照家庭的財力和身分地位裝飾餐桌。

西元七世紀，可以發現飯廳開始成為新建造城堡的一部分，但是要到八世紀，大眾才終於明白飯廳的概念。

仔細想想，在家裡和花園中隨意移動用餐地點，不失為浪漫新鮮的事。冬天時在壁爐前放一張餐桌很迷人，在圖書室中以書為背景用餐則很優雅，臥室裡的兩人浪漫餐桌也是另一個來自過去的點子。有何不可呢？

法製成，具車棉效果，當桌布也很迷人，帶點時尚鄉村風情，正式或休閒都很適合。

LES ASSIETTES · 餐盤

許多對餐桌藝術的講究是從貴族家庭開始，經過數世紀變得逐漸普及，一般人也能做到。

最早的盤子是白鑞、銀和黃金製成，出現在富裕人家的餐桌上，窮苦人家則使用陶碗吃飯，直到二十世紀時某些地區依然如此。不過在十八世紀時，各種質感的彩陶盤已處處可見。

為了餐桌上最究極的舒適，餐盤必須放在靠近桌緣略少於一吋之處，每個人之間必須保留十二到十六吋的空間（這些指示僅供參考，可依照餐桌大小調整間距）。

Assiette de présentation 又稱「秀盤」（裝飾用盤），總是能進一步增添餐桌的高雅。秀盤可以是素淨的藤編，帶精巧裝飾的銀，或是瓷器組的一部分，甚至全然天馬行空的材質，如彩繪玻璃或紙漿。

多瑞絲・伯連納很愛彩繪玻璃餐盤，還為迪奧的 Dior Maison 家居系列推出迷人的設計。

無論是否宴客，我們家吃飯總會有一道 *entrée*。兩人晚餐包括三道菜：一道 *entrée*、一道主菜，還有一道甜點。

我們宴客時，每個座位都會放上秀盤、餐盤，最上面

放第一道菜 *entrée* 的小盤。只有夫婦倆時，我不會使用秀盤，除非慶祝特別的事。秀盤在主菜結束、上乳酪之前就會撤下——如果你選擇端上 *fromage*（乳酪）。我們可能每週吃一次乳酪，當作對自己的犒賞。

至於麵包盤，則要放在叉子的左上方，偶爾我會在宴客時加入麵包盤，實用又美觀。要注意的是，如果沒有準備麵包盤，法國人從分享盤中拿了麵包後，會放在餐盤的左方餐桌上，而不是餐盤裡。

我們經常會在晚餐派對端出乳酪，這就需要另一個盤子，接著是甜點盤，或是碗盤組。如果在派對開始前，我沒有在盤子上方為料理放上合適的餐刀、餐叉和湯匙，就會將餐具集中，分別放在飯廳裡的矮櫃上。

在法國，冰淇淋和雪寶要用叉子吃，湯匙是用來舀碗底融化的部分。這我能說什麼呢？

咖啡杯和茶杯搭配底盤、小匙，糖罐要放在廚房托盤上，一起端進客廳。我認識的法國人，早餐後都不會在咖啡裡加牛奶，不過因為我會這麼做，我的托盤上就會放一小壺牛奶。

咖啡和花草茶不會在餐桌上飲用，除非如教授「高尚教養」的禮儀專家艾爾班娜・梅格列所言：「大家聊天正熱絡起勁，身為女主人的你不想打斷氣氛。那麼或許可以迅速詢問賓客是否要在餐桌上喝杯咖啡，同時不至於打斷對話的節奏。」

LES VERRES · 玻璃杯

十七世紀時，餐桌上所有人會共用一個玻璃杯。較富裕的家庭，則一桌共用三、四個玻璃杯。十八世紀晚期，製造商開始生產不同尺寸和用途的玻璃杯，但是直到十九世紀，餐桌上才固定出現各式各樣的玻璃杯，法國人稱之為 *à la russe*（俄式）。俄式與法式上菜的差別，在於前者會依序端出料理，意即食物在廚房裡裝盤；在法國，菜餚則端到餐桌上傳遞給客人，由客人自行取用裝盤。後者讓每個人決定自己想要的分量多少。若晚宴有專人上菜（從左方），那麼「自取式」也同樣是從左邊開始。餐廳幾乎都採取俄式上菜。

玻璃杯的順序，從左到右由高漸矮，分別是：水杯最大、紅酒較小、白酒杯更小一些。香檳杯會稍微偏後，在水杯右方。

賓客入座時，餐桌上的水杯已經斟滿水。

現在大問題來了，香檳該用笛形杯還是碟形杯呢？從美感的角度來看，兩者都很漂亮，但是專家認為，兩種造型皆不足以表現香檳的氣泡。「用笛形杯無法享受所有香氣，而碟形杯根本是大災難——氣泡都跑光了，

> *à la française*（法式）上菜從左邊開始，無論是自取式傳遞菜餚，還是由專人上菜。葡萄酒和水則從右邊倒起。在其他國家，菜餚或許會在廚房事先「裝盤」，但是在法國，主菜極少這麼做。

香檳的之所以令人欣喜又充滿節慶氣息，全都是因為氣泡呀。」頂尖的香檳品牌 Duval-Leroy 的老闆卡蘿·杜瓦－樂華說：「鬱金香型的酒杯永遠是體驗香檳的不二之選。」

UTENSILS・餐具

大家都知道如何在餐桌上擺放餐刀、餐叉與湯匙，大家也都知道使用餐具時，要從最外側的用起。然而，大家或許不知道，在法國，餐叉和湯匙是正面朝下擺放，因為家徽和銀器標示就常理而言會位於背面。

我們越來越常看到餐廳的餐桌上，餐叉叉齒和湯匙凹面朝上擺放，在法國家庭中卻不然。艾爾班娜·梅格列為這股潮流感到遺憾：「甚至三星餐廳也是如此。」她說。她是堅守傳統的人。

數世紀以來，高級餐桌上加入越來越多有特定用途的額外餐具。例如十九世紀時，魚刀和魚叉便加入豪華的餐具陣容。

乳酪和甜點用的刀叉匙要放在餐桌上的餐盤上方。我記得它們的排列方式，因為這些餐具的指向相反。從最上方開始，乳酪刀的刀尖朝向餐盤左側的叉子；乳酪刀下方是甜點匙，匙斗朝向餐叉，最後是甜點叉，叉齒朝向餐刀。在法國，叉齒和匙斗要朝桌面擺放。*Et voilà*（完成）！

CARAFES・酒水

在法國，蘭索瓦茲・杜瑪說女主人有如 *chef d'orchestre*（交響樂團指揮），有一大堆事情要做，幸好所有關於葡萄酒和水的一切由男主人負責，若家中沒有男主人，也可以指派給其中一位男性賓客。

依照不同酒款，侍酒之前所需的開瓶醒酒時間也不一樣。紅酒至少要在侍酒前二十分鐘開瓶，白酒至少十分鐘，如此才有時間醒酒。如果有疑問，可以詢問專家。除非你準備的是一瓶珍貴的陳年佳釀，需要換瓶去渣，否則葡萄酒瓶應該直接放在漂亮的酒瓶架，擺在餐桌上，讓大家都能看見酒標。而且酒瓶架也能防止酒液滴落沾染餐桌或桌布。

在法國，由男人負責斟酒，他們的工作就是觀察不要讓賓客的酒杯空了。（千萬不可以用手蓋在酒杯上，拒絕對方斟酒或重新倒酒。）男主人先在自己杯中倒入少許葡萄酒品嘗，確保葡萄酒沒有染上軟木塞味，才為賓客倒酒。

如果現場沒有男性，所有我的朋友都同意，由最靠近酒瓶或水瓶的人負責倒水斟酒。

我最近發現把葡萄酒倒入酒瓶 —— 和換瓶去渣不同 —— 適合年輕的葡萄酒，無論紅白。如果是出於美觀或為了醒酒，而將葡萄酒換入漂亮的酒瓶中，那麼空酒瓶應該要放在餐櫃或邊桌上，讓客人能看見他們品飲的是什麼酒款。男主人大多會解說酒款，不過在法國，大家都喜歡讀酒標。

　　至於水，桌上放一個以上的水瓶總是比較理想。水瓶跟漂亮無關，氣泡礦泉水或無氣泡礦泉水都能裝入水瓶，通常由男主人（或代理男主人）為水杯空了的賓客倒水。

　　可以開口要水，不過若想要更多葡萄酒，則必須耐心等待。艾爾班娜‧梅格列說，關於水的規矩越來越「鬆」了。就算由女性倒水，世界也不會因此毀滅。

LES DÉCORATIONS‧裝飾

　　鮮花、鮮花、當然是鮮花，但是餐桌上不應該出現香氣迷人的花朵。避免茉莉，特別是有香氣的玫瑰、小蒼蘭、某些茶花，以及百合。

　　法國皇室和優雅事務的專家史岱凡‧柏恩告訴我，他曾受邀出席一場晚宴，餐桌以金合歡裝飾。

　　「我才坐下，大家就都被香氣淹沒，我知道這場晚餐絕對不會順利。」

　　「結果呢？」我問他。「不順利。」他大笑著說。

　　無論是多支燭臺、單支燭臺、煤油燈或祈禱蠟燭，沒有什麼比柔和的燭光更浪漫醉人的了。燭火應該高於視線，才能將反射效果發揮到最大。燭火的高度絕對不可離桌面太近，當然，祈禱蠟燭例外，如此才避免蠟光往上照，形成難看的影子，即使最年輕的客人也會顯得面目猙獰。

　　說到蠟燭，只要蠟燭放上燭臺，或是家中任何角落，

一定要先燒過燭芯。也就是說，所有擺出來的蠟燭燭芯都要是黑的，而不是嶄新裸露的燭芯。如此一來，蠟燭上桌時也較容易點燃。

至於餐桌上的布置，簡單素雅或誇張華麗，端看你的心情。許多年前，一位巴黎友人在餐桌中央撒滿映著虹光的白色與灰色「珍珠」，將祈禱蠟燭放在水銀玻璃燭臺與多支銀燭臺上，並在水銀玻璃花瓶中插滿白色和淡粉色的芍藥。她的桌布和餐巾都是淺珍珠灰，餐盤是白色滾銀邊，水杯是銀色的，而精緻的玻璃酒杯淨透澄澈，也滾了銀邊。她的餐桌美的令人屏息。

我在巴黎和凡爾賽找到幾家很棒的手工藝材料店，滿是各種餐桌布置的潛力素材。而我朋友用的「珍珠」，則是她在一家巴黎小店為孫女詢問室內冬季活動時發現的。

TOUJOURS PRET・準備萬全

無論輕鬆或正式，或是輕鬆不失正式，宴客的時候最好準備萬全。餐桌鋪好桌布，放好餐巾、蠟燭、裝飾、餐盤，玻璃杯按照順序擺好，容易拿取，宴客的挑戰就已經解決一半啦。

時髦又才華洋溢的奢侈美妝品牌 By Terry 創辦人泰麗・琅茲伯格，為我打開她的數多個玻璃、食器和銀器櫃，展示她如何為派對陳列混搭各種不同系列。只要看到她的櫥櫃架，腦海就會不斷迸現各種靈感：這組和那組盤

子可以怎麼搭配，那些水晶杯可以如何增添閃亮的層次感。然後她還有裝在小「行李箱」中，一整套的聖羅蘭銀器，就放在層架下方。亞麻織品則細心地收納在另一區。

如同我先前提過，安或許是我見過最善於收納的人了。她的衣櫃、亞麻織品櫃、水晶櫃、瓷器櫃、銀器箱還有裝飾物品，全都妥善收納，使用後總是物歸原位。

SAVOIRFAIRE・高尚教養

我們在孩提時代都學過餐桌禮儀，並且也盡我們所能將這些用餐禮節傳給我們的孩子與孫兒，法國家庭正是這麼做的。

當我還是孩子時，即使我的母親無法燒出一手好菜，但總會將餐桌布置的溫馨漂亮，包括蠟燭和鮮花。而我同樣敬愛的父親，堅持我必須學會優良的餐桌禮儀。

這些年來我觀察到，在法國，餐桌上有更多規則，例如正確的分切乳酪，還有不可以切沙拉。讓我與各位讀者分享這些發現吧。

❀ 餐前酒的時間約為四十五分鐘。
❀ 在法國會說 *dîner*（用晚餐）或 *déjeuner*（用午餐）；而 *manger*（吃）一字，是用在吃了某個東西，例如我吃了一顆蘋果、我吃了一片蛋糕等。
❀ 乾杯時不可以碰杯，只要舉起酒杯，用眼神示意

即可。碰杯源自中世紀，當時乾杯是要用力相撞杯子的。這個儀式的由來，是萬一有人的酒被下了毒，那麼碰杯就會讓酒液濺出，落在其他杯子裡，這是某種試驗，看看你的朋友是否想毒殺你。至少比雇用一個固定試毒的人文明多了。

✤ 沙拉應該用小塊麵包輔助，「折疊」起來，做起來有點棘手，但是大部分貼心的女主人都會把萵苣剝成適口大小。如果做不來折疊法，可用叉子側面切斷沙拉。

✤ 是時候拋棄 *Bon appétit* 這句法文了。這句話按照按照字面翻譯是「祝好胃口」，實際上卻表示消化系統，也就是腸子功能順暢。聽起來不太可口，*n'est-ce pas ?*（不是嗎？）

✤ 麵包要用手剝成適口的小塊，只能用來「輔助」把食物推到叉子上，絕不可用來沾盤中醬汁。

✤ 用完餐後，女主人會請在座客人移動到客廳喝咖啡和花草茶，這時餐巾放在餐盤左側，不需折疊，就像美國人一樣。

✤ 咖啡和茶不會和甜點一起上桌，那是一頓飯的最後步驟，絕少在餐桌上飲用。

法國的晚餐派對還有其他細微的差異。*L'exactitude est la politesse des rois*（準時是國王的美意），國王準時代表尊敬他的下屬，不過如果客人依照邀請函上的時間準時抵達晚餐，可就無法令人接受了。客人應該要給他們的男女主人

如何享用乳酪

為了能夠盡情享用各種乳酪，我找上我們的乳酪商家勒布里先生尋求建議。以下是他告訴我的：

→ 若端出乳酪盤：乳酪盤可以放一整塊完整的乳酪，如莫城布里乳酪（Brie de Meaux），不過如果你希望客人有多樣選擇，那麼最少要準備三種（數量永遠是單數）。根據相關資料來源，法國有 350 到 400 種乳酪。

→ 靜置片刻：用微濕的茶巾蓋在乳酪上，食用前讓乳酪「休息」大約一小時。確定這些乳酪不是緊貼著，以免沾染彼此的味道。乳酪就像葡萄酒，需要醒過才能散發纖細（或者不那麼纖細）的風味。

→ 乳酪心：每一款乳酪都有一把專用刀是最理想的。切乳酪時，例如布里乳酪或洛克福乳酪，要從外皮往中心切出楔形片狀。中心就是乳酪的「心」，被認為是乳酪最美味的部分，不可單獨切走，要讓大家都能品嘗。

→ 正確的順序：乳酪最好從風味溫和的吃到強烈的，如此我們的味蕾才能享受每一款 *fromage* 的個性。

→ 只能拿取一次：除非是很熟的朋友和家人之間，否則只能自行切取乳酪一次，不可取第二次。嘗試每一款乳酪也被認為是失禮的行為。

怎麼能期待任何人能治理好一個擁有
超過 285 種乳酪的國家？」
——夏爾·戴高樂

→ **動作輕柔**：即使是軟質乳酪也應該要「放在」麵包上，不可以像奶
油一樣抹開。而是以乳酪刀快速「輕壓」，就能確保乳酪乖乖待在麵
包上。

建議選用的乳酪種類：

1. 山羊乳酪和綿羊乳酪（Brebis）

2. 布里乳酪、卡門貝爾、庫洛米耶（Coulommiers）

3. 康塔爾（Cntal）、米摩雷特（Mimolette）、薩瓦（Tomme de Savoie）、侯布洛雄（Reblochon）

4. 博佛（Beaufort）、艾曼塔（Emmental）、康堤（Comté）

5. 主教橋（Pont l'Evêque）、芒斯特（Munster）

6. 洛克福、奧維涅藍紋乳酪（Bleu d'Auvergne）

還有我的新朋友尚－安德烈·夏利亞主廚的推薦：

1. 軟質新鮮山羊乳酪，風味非常溫和

2. 布里乳酪

3. 聖涅克塔乳酪

4. 較乾的山羊乳酪，經熟成，質地較硬，風味較強烈

5. 洛克福、昂貝爾圓柱藍紋乳酪（Fourme d'Ambert）

十五分鐘的緩衝時間。邀請函上若寫晚上八點，意思是八點十五分左右。

至於該如何向其他客人打招呼，最普遍的空氣親臉頰兩下就好（兩個臉頰各一下）。除非十分熟悉 *le baisemain* 的技巧——即法國男人有時候會做的吻手禮，否則最好還是留給專家吧。吻手禮沒有表面上那麼簡單，包含一大串應該和不應該做的事，像是雙唇應該 *effleurer* 輕輕略過手背。換句話說，並不是真正的親吻。而且不可以說自己 *enchanté* 某人，字面意思是「著迷的」。我們或許感到很開心喜悅，但是「著迷的」聽起來像是被下了咒語，再說，那是形容詞。如果你查找這個單字就會發現，它已經變化出新的意思，雖然基本教義派堅決反對。（好吧，你可以爭辯，不過事情就是這樣。）

應該帶禮物嗎？根據艾爾班娜・梅格列的說法，帶禮物到受邀的晚餐活動算是比較新的潮流。「客人沒有必要帶禮物，主人也不該期待禮物。宴客的用意是很開心能見到賓客們，禮物並不是儀式的一部分。」她說。受邀的客人日後也可以回請主人。

客人可以在派對前一天或隔天送花給女主人，千萬不可以帶著花抵達晚餐。不過帶著一小盒精緻巧克力的客人並不少見，私下悄悄送給女主人，餐後喝咖啡時再與眾人一起分享。

特別的夜晚過後，寫一封 *lettre de château*（感謝信）顯得很貼心。如果是單純的聚會，隔天傳簡訊或是打通電話都會讓主人很高興喔！

關於賓客

恰當的賓客組合，有如鍊金術的主要元素，能讓整個夜晚籠罩在美好氣氛中。

賓客的組成也需要完美技巧和手腕，這方面沒有人比法蘭索瓦茲・杜瑪更熟悉，數十年來她運籌帷幄，安排派對的座位。她能花上好幾天思考誰和誰該坐在一起以創造歡樂的夜晚，反之，她也知道該如何分開不合的客人。

在派對上，她把我放在前美國駐法大使和世界知名的葡萄酒評論家之間。我度過非常美好的時光。（不得不說，葡萄酒對美好的夜晚貢獻良多，因為這個晚宴辦在波爾多木桐堡葡萄園裡搭起的大帳篷下。）

當晚近尾聲時，我感謝法蘭索瓦絲為我的餐桌座位付出的慷慨善意與細膩心思。

「我想你一定會玩得很愉快，我也很高興你玩得愉快。」她說。

我的女兒在芝加哥擔任法美商會的執行總監，負責規劃兩場大型年度慈善晚會。她告訴我，她和專人花了一整個星期為一場正式晚宴安排座位，結果震驚地發現人們策略性地更換座位名牌，以便和伴侶或朋友坐在一起。在法國，夫婦在餐桌上是分開的，更不可能想像有人會自行更動座位安排。

當然，我們大部分的人不會牽扯進精確無誤的座位安排難題——至少我沒有，不過為老朋友介紹新朋友不失為一種美好的宴客方式，而且混合不同的群體，讓大家在熱

最佳女主人的角色

法蘭索瓦茲·杜瑪曾在法國、摩納哥和其他國家籌劃過幾場精彩難忘的宴會，以下是她提供的幾個訣竅：

- 誰不喜歡踏進飯廳時眼睛一亮的感覺呢？這一點也不難，不過對客人來說非常重要。嘗試創造協調感，或是單一主題；宴客不必是繁瑣累人的複雜工作。

- 即使是簡單的六人、八人或十人晚餐，仍要牢記座位安排，或是寫在便利貼上，貼在只有你能看到的地方，在客人抵達前再三複習。放上座位名牌卡就能解決這個煩惱。

- 大家都知道，男、女、男、女交錯，是最理想的座位安排。

- 在安靜內向的賓客旁安排一位健談人士，後者問問題時就能開啟對話。整體而言，健談者應該與話少的人比鄰而坐。

- 混合老朋友和新朋友時，要把老朋友們分開，以免他們自然形成一個小圈圈聊起來，把其他人排除在外。

- 盡量安排有共同喜好的賓客坐在一起，例如喜歡旅行、古董、狗或是佳釀。

- 反之，將你認為彼此意見相反的人分開坐得遠遠的，以免談話變成爭吵，害大家都不開心。在法國，禁忌話題包括宗教、金錢還有政治。不過政治傾向相同的人聚在一起時，或許會聊相關話題——有時候還會變成長談。

- 夫妻要分開坐，但是訂婚或新婚不滿一年者則不在此限。（很貼心吧！）

- 絕對不要擅自更換女主人「指定」的座位，除非徵得她的同意。如此安排餐桌座位自有她的用意，而且她或許花了很多時間思考，如何安排座位才能讓夜晚更愉快。

- 圓桌向來最有歡宴氣息，因為座位較遠的客人不會因為大家聽不到他的聲音而難以加入對話。

Le Bole des Bons Invités
最佳客人的角色

宴客不是單方面的事。客人也有該扮演的角色，否則女主人的美意和心思全都白費了。當然，我們會依照各人的特質選擇邀請的賓客，如此大家才能共度 *bon moment*（美好時光）。以下是值得一看的提要：

→ 身為客人應該很高興自己受邀。

→ 在餐桌前保持良好坐姿 —— 不可駝背或抵著手肘。

→ 「依照場合打扮，要有禮貌，注意自己的儀態，心情愉快地抵達。」瑪蒂德‧法薇耶說：「我希望身旁圍繞著聰明愉快的人。這是開心享樂的不二之道。」

→ 如果有人沒開口，大家會忘記他或她的存在。身為客人，準備談話素材前來是很重要的。

→ 要和座位左右的人說話。好客人絕對不會偏好其中一邊，艾爾班娜‧梅格列說：「切記，談話不是獨白。百分之五十的交談應該是傾聽。」

→ 多瑞絲‧伯連納的建議是，「如果你不知道要說什麼，那就問問題吧。」

→ 手機千萬不能上桌。好客人絕對不會在餐桌上拍照，也不會邊用餐邊在自己的社群媒體上發文貼圖。（若沒有得到明確許可，餐後也不行。）

→ 史岱凡‧柏恩所說，完全可以接受調情，只要「不越線」就好。

絡的氣氛中交談，發現有趣的新事物，或許會成為難忘的相遇呢。

幾年前，我們邀請英國朋友到家裡吃晚餐，他有意認識我們的一位朋友——他的兄弟在二戰期間是法國反抗組織一員。我們邀請他和他的記者妻子，那場美好的晚宴一路進行到隔天清早。

交流想法，分享觀點，發現驚奇的事物，認識氣味相投的新朋友，或許是共進晚餐的意外收穫呢！

所以，到底該邀請多少客人呢？幾乎我採訪過的人都偏好魔法數字——八。

多年來，我變得不僅可以輕鬆勝任女主人的角色，也很樂在其中，不過我從未辦過超過八人的晚餐宴會。我先生比較喜歡六個人，他認為比較好說話。「八個人的話，」他聲稱：「聊天就會分成兩組。六位客人時，一般來說大家都會談論同一個話題。」其實我比較喜歡晚宴間的許多時候，餐桌能有多於一個話題。這代表客人們分享彼此的故事和經驗，而且我希望，他們能度過愉快的一晚。

「只要賓客搭配得宜，我喜歡在週四籌劃八人晚宴，因為週末就在眼前，週四有種值得慶祝的感覺，」瑪蒂德・法薇耶說：「我會邀請我喜歡聽他們說話的人，以及我可以從他們身上學到事物的人。晚宴過後只要想到自己又學到新事物，就覺得一切都值得了。你不這麼認為嗎？」

我確實這麼認為。

「喔，對了，音樂也很重要」她補充。

法蘭索瓦茲・杜瑪說，她認識許多女性，都能完美扮

演最佳女主人的角色，要做到這一點，就必須像個**交響樂團指揮**，確保社交的所有元素，從食物到對話，都處在完美的協調狀態。

「某方面來說，這就像一份工作——優秀的女主人會時時留意一切。她的心願就是讓這幾個小時賓主盡歡。」她說。

最後幾句話

最近有一部關於法式生活藝術的電視紀錄片，記者在巴黎一場大型雞尾酒會上，問賓客們如何這個主題下定義。除了幾個例外，大部分的人都說「優雅」和「熱絡愉快」。毫無意外的，許多人繼續說下去，還有法國料理，進一步修飾他們的第一個答案。

還有什麼比宴客更熱絡愉快呢？宴客是發揮創造力的機會，將成果呈現給親朋好友。到時可能佳評如潮呢。

越常宴客，這件事就變得越容易也越有趣。看到客人們在自家真心享受好時光，就是最大的快樂。

如果時間是最大的奢侈品，那麼還有什麼比與親朋好友共享美食笑談，更好的消磨方式呢？

The Perfect
完美的賓客名單

我採訪過的人，對於能創造成功晚宴的主力賓客和共同登場的賓客組合，都有非常明確的標準。以下是法蘭索瓦茲・杜瑪的隆重晚宴賓客假設名單：

> → 一位大使
> → 一位院士
> → 一位作家
> → 一位商場人士
> → 一位藝術家
> → 一位文人
> → 一位你熟識的朋友，給予友情支持
> → 一位你不太熟的人，以便多認識他們
> → 一位有趣的人，為餐桌增添樂趣
> → 一位哲學家
> → 一位室內設計師
> → 一位政界人士

Autre Choses
其他事項

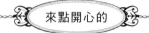
來點開心的

除了美食佳釀和令人難忘的有趣賓客,如珠妙語是讓夜晚更特別的最終元素,以下是幾個法國小迷信,或許可以在家宴客時能派上用場。

＊餐桌上有十三個人是非常不吉利的。我的朋友安的飯廳角落坐著 Monsieur Quatorze（十四先生）,他是一尊鐵人,盛裝打扮準備隨時出席派對,還穿著一件鮮黃色背心。如果最後餐桌人數是十三,她就會派十四先生登場。這個迷信出自聖經——猶大背叛了耶穌。

→ 餐桌上的麵包絕對不可以底部朝上,因為在大革命之前,*boulanger*（麵包師傅）就是以這種方式將麵包遞給劊子手。

→ 遞鹽罐時,絕對不可以親手傳遞接過,而是要用滑的,或者說「推」到需要鹽的人面前。

→ 遷入新居時,先擺好餐桌能夠確保為家帶進好運。

→ 如果離開餐桌時椅子倒了,表示用餐時有人說謊。

→ 如果斟酒時剛好在你這杯倒完,表示你會在當年結婚或生孩子。（這點的真實性之低顯然易見。）

→ 聖誕夜跨到聖誕節時的午夜,打開門窗,能讓家中的惡靈離開房子。

→ 除夕夜一定要喝光最後一滴酒,確保來年好運勢。

5

美麗的儀式：
因寵愛自己散發出
喜悅光芒
The Rites of Beauty

　　我寫這本書時不斷提到法式生活藝術中的兩個主題：愉悅和態度。這兩件事充滿在每個法國女人的生活中，從廚房到臥室再到化妝室。（你知道的，在化妝室裡就是享受穿上漂亮衣服和梳妝的愉悅過程。）

　　保養的習慣和儀式，深植於法國女人的生活。數十年前，我開始重新思考我的肌膚保養和美容的觀念，因為看到法國女性友人的作法後，很快便能明白並喜歡上這種全心投入保養過程的重要性。

　　法國女人非常享受從頭到腳的美容保養，選用最喜愛的產品，陶醉在美好感官饗宴中，然後開心地看到呈現出的效果。整體而言，法國女人，尤其是到了一定年紀的女性（熟能生巧嘛），最了解保養是需要投資的，但這筆投

資通常和昂貴的產品沒太大關係，重點在於時間。她們為例行保養投入大把時間，並且再次將梳妝打扮變成愉悅的體驗。

數世紀以來，法國許多傑出藝術家將法國女人的保養儀式浪漫地轉化為不朽的美麗畫作。貝爾特・莫里索（Berthe Morisot）、亨利・土魯茲－羅德列克（Henri de Toulouse-Lautrec）、皮耶・波納（Pierre Bonnard）還有古斯塔夫・凱耶伯特（Gustave Caillebotte）等人，各自以獨特的畫風，以梳妝儀式為主題，細膩捕捉女性姿態的精髓，絕美的專注神情，渾然不覺自己正被觀察著。百分之百的**法式生活藝術**。

掌握愉悅的原則

這種有意識地決定以正面心態看待生活中各種事物，正是法國女人的幸福魔法方程式。換句話說，重點在於調整心態，讓努力變成樂趣。她們搞不懂，保養肌膚對成效這麼明顯，為什麼大家不想花時間，享受一天天變得更美的樂趣呢？

這麼多美妙的產品可供選擇，女人怎麼會視之為帶來辛勞的例行工具，而不是完全寵溺自己的仙丹靈藥？

法國之外的許多女人，似乎認為在自己身上花時間是有點自私的事。但照顧其他人時，卻又滿心認為被耽誤了，沒有時間打點自己，這樣怎麼能獲得樂趣？最後就會

心懷怨懟，對自己的生活產生不滿。對女人而言，切記，小小的行動就能讓心情有不可思議的變化。可能是簡單的手部保養。開心的時候，心情就會表現出來，而好心情是有感染力的（不幸的是，壞心情也是如此）。因此，確保我們自己的心情愉快，就是讓自己的家庭和樂。

「擦上口紅，
面對世界吧！」
——泰麗‧琅茲伯格

　　多年來，大家都要我用寥寥數語形容或定義「法國熟女」。以下是我會使用的形容詞：

1. 講求效能
2. 實用主義
3. 浪漫
4. 慷慨
5. 掌握自我（冷靜自持）
6. 擁有自覺（經常能帶來自信）

　　融合了實用主義、追求效能和崇尚浪漫，是法國熟女友人和許多我曾經採訪過的女性，最令我喜愛的一點。我認為這就是她們最有智慧的美好生活祕方——掌握能力所及的範圍，從中得到樂趣，並接受人生的起起落落。*C'est la vie!*（這就是人生！）

美的科學

所有我的朋友每年都會找自己的皮膚科醫師，從頭到腳檢查一番，如果有特定的皮膚問題，則會增加到一年兩次。我最好要的朋友之一正在執行無皂生活，並搭配無香料的滋潤乳霜和乳液，以紓緩她嚴重的乾性肌膚問題。

我認識的法國女人都會研究自己使用的產品。我的藥師好友克莉絲汀・莎蘿（Christine Salort）博士，會花費許多時間向客人解釋精油的益處、適合面皰和乾性肌膚的產品，還有在她藥局架上某些「有趣的」保養品。最近她給我理膚保水新推出的「B5 彈潤修護精華」試用品，讓我帶回家使用（我發現我真是被寵壞了），然後告訴我，我在精華液之後還需要擦上「B5 彈潤修復凝乳」。這個組合都含有純玻尿酸和維他命 B5，早晚都能使用。

我所知道的是，而且在上一本書和部落格中都曾經數度提起：法國女人看待肌膚保養的儀式和我們不一樣。她們期待——不，是要求——從頭到腳使用的產品除了有效，還要能滿足其他渴望。根據各種標準，令人心滿意足的使用體驗，是最重要的部分：

- 產品中的科學成分必須有研究證實宣稱的功效。
- 有些人覺得，以女性對美感的認知來看，天然成分或對環境友善的品牌，要比具備基本去角質、清潔、面膜、保濕等功能但含有化學成分的產品重要多了。

✤ 有些人則認為，被迷人的香氣包圍才是愉悅的要
素。對於沐浴產品，我是支持這個論點的。

記憶所及，我向來熱愛形形色色、各式各樣的美妝產
品。或許「美」這個字就像一個承諾，是我們可以主動獻
身的。

住在法國的這幾十年間，我對這份承諾的定義大大改
變了。現在，我和許多法國女人一樣，不到化妝品專櫃購
買保養品，而是在藥局購買，因為這些產品有科學依據，
功能實在效果又顯著。我對精華液、面膜或保濕乳液的美
麗包裝一點興趣也沒有，我的日霜或晚霜也不需要香氛。

我唯一需處方的皮膚保養品——如果看過我的上一本
書就會知道——是維他命 A 酸乳霜，又稱 Retin-A。我用了
將近三十年，視之為軟管界的魔法乳霜，眾多皮膚科醫師
甚至整形外科醫師也是擁護者。

薇樂麗・樂杜（Valérie Leduc）醫師是家醫科醫師，
也是靜脈醫師（專攻血管疾病，包括靜脈曲張），她將自
己淵博的專業學問，以全面又個人的方式轉換至對美的追
求。「過去，我認為女性最美麗的年齡是四十多歲，」她
說：「但是現在我認為五、六十歲才是女人最美的年紀。」

樂杜醫師希望患者和她共同遵守一項協
定。她希望了解患者的一切，包括為何認為自
己需要她的醫療協助。「我的看診範圍很廣，
我會花費一小時，甚至更多時間，做完整的檢
查。」她說：「著手治療外在之前，了解患者

的基本健康狀況和生活品質是非常重要的。」

　　樂杜醫師評估患者後，接下來會開給他們一份「健康美麗活到老」方案。她對於優質生活有五大標準：

1. 吃得健康、飲食多元。
2. 做適合自身年齡的運動。
3. 練習對抗壓力的技巧。
4. 尋找能讓自己開心的事物。「快樂可以修復我們的 DNA，因此能夠了解如何快樂、哪些事物讓自己快樂，是很重要的事。」
5. 「若社交生活開始萎縮，請務必重建。這包括家庭、朋友還有同事關係。」

　　現在你或許想著，這沒什麼，大家早就知道了。話是沒錯，但是樂杜醫師的整體觀念和我讀過或見過的其他美容醫師大不相同。

　　她不是單純「建議」改變生活方式，她更努力為女性尋求達到這些改變的手段和方法。例如談到快樂，她建議患者或許可以嘗試藝術活動，像是繪畫或歌唱。

　　許多新的患者與樂杜醫師約診時，或許只是單純想要注射填充物、磨皮、化學換膚、雷射療程或是除毛。在療程開始之前，她會想要了解患者尋求治療的期待和動機。她希望自己能夠說服患者，讓她們可以全面檢視健康，快樂老去，得到整體的身心平衡。她相信快樂地老去和美麗比表面上更複雜。她也主張，務必了解為什麼坐在她診間

裡的女性感到不美麗。如同樂杜醫師解釋：「我的觀念是預知和預防，這就是為何我想要盡可能了解患者。我們無所不談，包括性。性是非常重要的。話題百無禁忌。女人需要傾聽，而她們知道這些話只會留在診間裡。」

她常常把患者指派給一群她精心挑選的專家。她可能會建議運動教練、瑜珈教師、心理醫師、催眠師、營養師、性學專家、整形外科醫師或齒列矯正專科醫師。她也是冥想的忠實信徒。「我不認為美麗和平衡的身心靈是可以分開的。」她說。她也說得一口流利英語。

法國藥妝店尋寶

每當想到美容和肌膚保養，我就會想到之前提過的藥師朋友克莉絲汀・莎蘿博士，她有三個正值青春期的孩子，倡導一切與健康生活有關的事物。以自身為例，她堅持一切天然的產品，包括在地農家生產的蔬果、自家烹飪的料理、與愛犬在森林中慢跑、一杯葡萄酒，和盡可能使用純天然成分的保養及美妝產品。「要找到百分之百天然 *bio* 的美妝產品，有時候還真是一項挑戰呢！」她說。bio 的意思是成分來自有機農作物，受法國政府嚴格控管。

繼續往下讀，你會看到克莉絲汀推薦，針對從乾性肌到混合肌等各種膚質適用的精油。她為我開了一個「處方」，調配好後裝在一個附有滴管的可愛藍色小瓶子中，讓我能夠依照處方劑量使用，以免過量。

對各個年齡層的法國女人——她們還是小女孩時，就從母親和祖母身上學到如何呵護肌膚——而言，細心保養肌膚雖然勢必得花費一些功夫，但因此她們上妝只需要五分鐘、甚至更少。

克莉絲汀非常堅持要將好習慣傳給雙胞胎女兒，她們非常幸運有這位母親，因為克莉絲汀的藥局裡，隨時都有法國女人能夠想像到的所有產品。

看到女兒受青春痘所苦，克莉絲汀的作法是所有法國母親都會遵守的：先帶女兒們去看皮膚科醫師，接著教她們如何對症下藥。她會提醒避免使用遮瑕產品，最後說服女兒聽從她的忠言。

她分別給女兒們需要的產品，小袋子中包括三款雅漾抗痘產品，還有兩件 Roger & Gallet 的小驚喜：

1. 雅漾控油清爽潔膚凝膠（Avène Cleanance Gel Nettoyant）
2. 雅漾控油清爽去角質面膜（Avène Cleanance Mask Masque-Gommage）
3. 雅漾抗痘調理化妝水（Avène Cleanance Mat Lotion Matifiante）
4. Roger & Gallet 無花果花護手霜
5. Roger & Gallet 玫瑰護手霜

我經常在禮物中加入 Roger & Gallet 的軟管護手霜（很適合塞進聖誕節禮物襪）。我最喜歡的款式是香氣迷人

的 Gingembre Rouge（紅薑），或是聞起來像杏桃的 Fleur d'Osmanthus（桂花）。

說到痘痘，即使大女孩偶爾也會爆痘。針對這些惱人的問題，克莉絲汀推薦雅漾的 TriAcnéal Expert，是按壓式的乳液。

你會發現，只要女孩們早早開始注意肌膚保養，長大成人後就能在美容光譜的另一端省下時間。想像一早從床上跳起，洗個臉，擦上精華液（許多美容專家建議每日使用精華液）和具防曬功能的保濕乳液，吃早餐，接著穿衣打扮，因為膚況極佳，不到十分鐘就完好妝了。

你或許猜到了，在每一次採訪時，無論對象是朋友或美容專家——包括醫師，我都會請她們告訴我最愛用的產品。分享就是關心，*n'est-ce pas ?*（不是嗎？）

樂杜博士告訴我，她不能沒有 Biologique Recherche 的產品，包括不只是乳液的 Lotion P50。這是一款去角質產品，含有乳酸和水楊酸，不僅可以去角質，還能保濕和平衡皮膚的酸鹼值。「這款產品唯一的缺點就是氣味太難聞啦！」她說。

另一款她的最愛，幾乎每晚都使用，那就是理膚寶水的淡斑精華（Pigmentclar Serum），專為暗沉和斑點設計。她在斑點處點上少量精華液輕拍。「這麼做可以促進血液循環，效果更好。」她說。

我經過一番精挑細選才選到現在的皮膚科醫師薇樂麗・嘉蕾（Valérie Gallais），因為她很了解美麗對各個年齡女性在心理上的重要性。

　　薇樂麗（我們現在直呼對方名字）常會建議我使用一些新產品。今年，她推薦我菲洛嘉（Filorga）的亮麗眼霜（Optim-Eyes），有助於淡化細紋、眼袋和暗沉。她告訴我要放在冰箱，使用效果更好。

　　為了從我們的美容對談中得到更多好處，我總是帶著一串問題清單前來。和她看診真是一種享受，離開時我總是充滿正面能量，帶著 Retin-A 處方籤，還有一小袋試用新品，是不是很有意思呢？

心靈與身體的連結

　　如我們所見，法國女人很明白內在的快樂對外在的美麗影響甚巨，因此她們總是優先考慮自己的快樂。有時候最好的美容祕方，就是慢下腳步，暫時離開手機和電腦的紛擾嘈雜。越來越多法國醫師建議冥想，最近醫師建議我試試催眠，有助於平靜和正念。沒錯，我發現「正念」一詞有點陳腔濫調了，但我努力讓自己更活在當下，而催眠確實有幫助。

　　迪奧的瑪蒂德．法薇耶每天緩慢平靜地開始她的早晨，確保一天有個愉快的開始，她深信這麼做有助於感到整體身心平衡。「我在 6：45 到 7：00 之間起床，早餐是黑咖啡、石榴還有以冰豆漿為基底的果昔。」她說：「在我的世界裡，起床時是自由的。早上看的第一件東西絕對不是我的手機或電子郵件。我很享受自己的時間，享用早

餐，看看窗外觀察天氣，打開衣櫥，決定今天要穿什麼。
然後以超快速度上妝，主要是眼妝，基本上頭髮不需要打
理，不到一小時我就可以出門了。」

　　排除因思考電子訊息可能引發的緊張和壓力，睡醒
後先好好享受一天最初的時光，絕對是為美麗加分的小祕
訣。還有什麼比在自己的小世界裡開始一天，更能注滿正
能量的呢？

　　我的藝術家朋友艾狄絲每天早上會先冥
想，然後喝茶，吃黃豆優格、烤全麥麵包配
蜂蜜或自製的無糖果醬。

　　緩慢地開始和結束一天的概念很像在
香氛籠罩中享受夜間冥想，再蓋上清爽美麗
的被子，這些都有助於最佳美容良方──一夜好眠。別忘
了，所有擦在臉上的精華液和乳霜，要在蓋上被、睡著後
才會開始「工作」，讓我們醒來時迎接美好的效果。

　　每星期至少一次，我會慎重泡個奢侈的澡，水中加
入有助回復健康的藥草，塗上髮膜，敷好面膜，點上香氛
蠟燭，搭配一杯茶，立體聲喇叭裡播放著艾迪特‧皮雅芙
（Édith Piaf），我可以隨興發出返老還童的呼喊。感覺真
是平靜又放鬆啊！

　　巴黎莫里托飯店（Hôtel Molitor）的克蘭詩美妍中心
負責人雅莉珊卓‧貝爾坦（Alexandra Bertin）認為，美妍
中心是遠離現實世界惱人壓力的避世所。「我們隨時隨地
都處身於公私生活的壓力下，」她說：「我相信每個人找到
讓自己恢復元氣的方法非常重要。對某些人而言或許是冥

想，到森林走走，和大自然溝通，或是到美妍中心按摩。

重要的是我們重新和真實接軌，傾聽身體與心靈真正的需要。按摩本身讓我們感覺很舒服，可以紓解壓力和痠痛的肌肉，但終究還是必須找到探究我們生活更深入的方法，以及如何活得快樂喜悅。

雅莉珊卓是「身心放鬆療法」（sophrology）的擁護者，這是一種以科學方式處理身心健康的哲學。身心放鬆療法從根本上研究意識與人體的和諧，包括一系列簡單的心靈與身體練習，讓人們更健康、放鬆、平和、警醒。這些練習稱為「動態放鬆」。

雅莉珊卓在更深入的身心放鬆療法課程中，結合美妍中心的美容手法，讓學員精確地探索通往專注於滿足生活的途徑。

我的髮型設計師蜜雪兒上過數年身心放鬆療法課程，現在在家自己練習，偶爾她覺得需要學些新東西時，就會回去找她的老師上課。她說這些練習不僅幫助她釋放壓力，更排解對於周遭人事物的負面情緒。

我在妝後或早上起床時使用的玫瑰水噴霧，是裝在深藍色的瓶子裡，就放在浴室窗臺邊。這是最基本的美容產品，但至高的愉悅感並非三言兩語可道完。每天早晨，我都期待看見穿過自己 *eau de rose*（玫瑰水）和 eau de bluette

（矢車菊水）藍色瓶身的陽光。說實話，那真的是在我 *salle de bain*（浴室）中最美麗的物品了，我也說不上來為什麼，但是看著它們就感到很療癒。

經歷歲月的肌膚

和我們大多數人一樣，法國女人在無數試驗、錯誤與專業建議後，終於找到她們最喜歡的產品，適合自己的需求和特別的享受。同時，她們也了解到二十、三十、四十、五十歲及以後，使用的產品要隨著肌膚變化而改變。季節不同，保養品也應該跟著變化，才能擁有最佳效果。邏輯很簡單：肌膚在悶熱和嚴寒氣溫下會有不同反應。

我住在法國朗德區「厄潔妮草原旅館」的那一週，在 *ferme thermale*（水療中心）待了不少時間，細細品味旅館裡的超奢華天然溫泉水療服務。我在那裡採訪美容師賽西兒・樂杜洛（Cécile Ledru），她是水療中心的主管，也是療程中採用的 Sisley 產品專家。我請她破解不同世代的年齡該如何保養肌膚，以下是她告訴我的：

二十歲

使用滋潤型香皂，「因為年輕女性多半喜歡香皂，藥局有許多添加冷霜和滋養油、對肌膚夠溫和的香皂。任何年齡都適合以潔膚水清潔肌膚。白天和晚上使用適合的乳霜，依照不同季節和曝曬程度，白天使用含防曬係數的產品。」

三十歲

「加入眼霜,並以溫和的卸妝乳或潔膚水清潔。一週去一次角質,每週使用適合的面膜。」

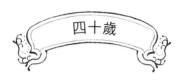

四十歲

「該是認真保養的時候了。在例行保養中加入較滋潤的保濕產品,要具備抗氧化成分、玻尿酸以及維他命 C。(請與皮膚科醫師或美容師討論)每年兩次,在換季時加入抗老精華產品。現在就開始使用面膜,直到五十歲,面膜必須有 *anti-rides*(抗皺紋)功能。」

五十歲

「現在**真的**要認真保養了，而且請專業人士看看是
否需要更多具其他效果的產品。四十歲到五十歲是肌膚的
重要轉換期。隨著更年期，肌膚保養品通常也需要跟著改
變。繼續使用面膜、去角質、精華液，特別是滋潤的晚
霜。」

六十歲及以上

「請教皮膚科醫師，不過基本的保養程序從五十歲到
六十歲以上大致相同。」

賽西兒大力推薦添加維他命 A、C 和 E 的保養品。她
也非常愛用椰子油，使用在「所有部位，頭髮、身體、臉
部、指甲、足部和手部。效果非常好。」她說：「我上床睡
覺之前，會為雙足塗抹大量椰子油，用保鮮膜包起來，然
後穿上襪子。早上洗澡時死皮會脫落，雙腳柔軟又光滑。」

賽西兒搬到法國之前住在巴西，當時她會以手邊現
有的資源自製保養品。她用細砂糖和檸檬為臉部和雙唇磨

砂去角質。至於面膜，她在臉上塗滿蜂蜜，按摩至皮膚吸收，蜂蜜轉為白色後沖洗乾淨。她說效果真是 *fantastique*（棒極了）。

更多建議：「依照不同季節更換面膜。肌膚在夏季和秋冬的需求是不一樣的。」她說：「不可以一直使用相同的產品，即使你很喜歡，皮膚也會對相同的成分疲勞。稍微換個產品，然後再用回喜歡的產品。」嘉蕾醫師多年來不斷強調，保養品要偶爾變換一下。

從裡到外

每當我問法國女人關於美，她們全都異口同聲地說：「真正的美，是從內在散發出來的。」老套？陳腔濫調？我不這麼認為。

某天，我在髮廊坐了好幾個小時，為了弄法式漸層挑染，在一本法文雜誌裡讀到各種年齡女性談論風格與美。其中一位年近五十，她說如果全世界最美麗的女人表現粗魯無禮，高傲不可一世，「她會立刻顯得沒那麼美麗了。」文章中的其他女性也認同。

> 「二十歲時，你的面孔是大自然給的。三十歲時，生活會形塑你的臉孔。但是到了五十歲，你的臉就是你應得的樣子。」

我年輕時上過多年鋼琴課，非常喜愛我的鋼琴老師，我常常稱她為「美麗的法蘭克小姐」。她不

是什麼大美人，但是我好喜歡她，因此覺得她好美。

有沒有可能，和善、魅力、聰慧、慷慨，還有溫暖，就是美麗真正的祕密？（沒錯，我們都希望盡可能使用天然資源，我們也知道皮膚科醫師和保養品都能讓我們的外表和感覺更好一些，但是生活不斷前進，我們必須從內在和外在尋找美，才能擁有 *joie de vivre*。而且我保證，內在絕對會反映在你的臉上。）

化妝：專家的建議

膚況良好，散發光彩的時候，畫布準備好，化起妝來揮灑自如。專家總有歷次多次試驗的技巧，可以幫助我們顯得更美麗，達到妝感清透自然的終極目標。過了一定年紀，耍點小技倆的目的，就是希望最終效果能騙過其他人。

1998 年推出個人彩妝系列 By Terry 之前，美麗動人的泰麗‧琨茲伯格曾為聖羅蘭工作了十五年，研發具革命性的產品。最具代表性、有如仙女棒的超模聚焦明采筆——實際上是具備柔軟特殊造型刷頭的「筆」——可以提亮肌膚，讓膚質顯得更完美，兼具打亮和遮瑕功效，卻沒有亮粉感。

前面章節我們已經採訪過泰瑞，現在就讓我來告訴各位她為熟女提供的化妝建議吧：

✤ 我常常看見化妝過度或是不足。

✤ 少即是多，這是我的頭號規則。女人必須學會如何在肌膚上使用少量粉底，使妝效自然。

✤ 刷具是上粉底的最佳工具，只要妝效服貼，粉底用量一點點就夠了。妝感要非常不明顯，就像是天生的好膚質。

✤ 上粉底之前，先從校色妝前產品開始，可以提亮膚色，減少斑點，降低泛紅，讓膚色均勻。

✤ 手部護理、使用香水，以及在看不見的小細節用心，如呵護足部和選擇漂亮內衣，對於女性的身心健康和自我評價有很大的影響。

✤ 如果心情不好，那就擦上口紅吧！絕對會改變你的態度，讓你露出微笑。

　　克蘭詩的全球藝術與訓練總監艾瑞克‧安東尼歐提（Eric Antoniotti）是我最喜歡的人之一。他很腳踏實地，最重要的是，他好笑到不行。如果你讀過我的上一本書，在談美容的章節就已經知道他了。這次，我們在咖啡店見面大聊八卦，談論自從上次會面後他在美妝界觀察到的變化。這是他告訴我的：

✤「自從我們上一次討論美妝，化妝品的質地已經改進了。這些產品讓肌膚顯得更明亮、偷偷藏起瑕疵，呈現閃亮的奶油肌膚質又不含亮粉。這絕對是讓人更漂亮的焦點效果。」

✤「還需要我強調嗎？少即是多。永遠如此」

✤「我喜歡香檳調的飾底乳。」

✤「精華液最最重要。每個女人都需要精華液。她們應該詢問專業人士的建議，選擇最適合自己的產品。有些精華液具緊緻功能，有些可以稍微拉提，也有一些能讓肌膚明亮淨透。要選擇對的精華液並不容易，所以開口問吧。」

✤「我喜歡混合妝前乳和粉底液。只要極少量產品，以萬用刷上粉底，像畫畫一樣拉出長筆畫，然後再以幾乎隱形的小筆觸細細地遮瑕。」

✤「玫瑰色調的腮紅適合所有女性。妝效清新，令人容光煥發。」

✤「完妝後，用溫暖乾淨的雙手輕柔地拍拍臉，就是定妝。」

✤「我絕對會強調眉毛的重要性。我總是使用有兩到三種顏色的眉粉組，如此每次都能客製化眉色。」

✤「上妝時，燈光絕對不要從頭頂打下來，因為這樣會形成陰影。坐在自然光源前就是最好的位置。」

✤「上完睫毛膏後，別忘了一定要梳開睫毛。看到蟑螂腿般的睫毛最顯老態了。」

✤「放棄橘色調或紫紅色調的口紅吧。日常妝選擇自然色時可以考慮不過度粉紅或偏米色的裸色。比自然唇色深一到兩個色階，就是每個人最適合的顏色。」

✤「我有一個很喜歡的小技巧，就是讓女性

自己拿著唇彩，望向鏡中的自己，看看她是否對這個顏色『有感覺』，然後再給她試用品。直覺屢試不爽。」

✦「法國女人不太熱衷用深色粉底修容，因為效果不夠自然。她們比較偏好打亮，而非陰影修容。」

✦「老實說，只要女人學會以最適合自己的方式上妝，日常妝容最多五分鐘就能解決。」

在成為嬌蘭的藝術總監，為品牌打造出色香氛之前，希爾梵‧德拉庫特曾經是彩妝師。我在她的美妝簡歷中發現這個細節，便提出一連串美妝問題，她優雅地說：

✦「上妝之前，一定要敷五到十分鐘的面膜，洗淨，然後用冰涼的水噴在臉上，準備好自然美麗的膚況。這會讓一切大不相同。」

✦「接著，以指尖輕壓，從臉部中央往外擦上日霜。這麼做可以促進血液循環，讓血液來到表面。」

✦「在粉底液中混入膠狀精華液，幫助拉提和緊緻肌膚。」

✦「使用刷具上粉底，完成乾淨又不過厚的妝感。」

Beauty

訣竅和技巧

我精選出多年來在百貨公司化妝品專櫃、美妝連鎖店 Sephora、法國友人以及訪談中自己最喜歡的訣竅：

→ 用膚色眼線筆描繪內眼線，讓眼睛顯得更大。

→ 在唇峰處點上少許打亮產品，能讓雙唇顯得更豐滿。

→ 天生薄唇的人，隨著年紀嘴唇會變得更薄（我懂、我懂……），避免使用霧面口紅，而且要用唇刷上唇彩。首先，用相同顏色的唇筆淡淡描畫雙唇輪廓，無色唇筆更佳（這樣就不可能畫得一團亂）。別讓唇線像在畫畫一樣下重手——線條要輕柔自然，圈出內側的口紅，同時又淡淡描繪出唇形。

→ 上完口紅後，用無名指輕輕拍點雙唇，讓整體顯得較「柔和」，然後在上唇和下唇中央擦少許唇蜜。

→ 維他命 C 有助於提亮膚色。

→ 每週至少清洗彩妝刷具一次。可以使用洗髮精或刷具專用洗劑。

→ 睫毛膏每三到四個月就要丟掉換新。

→ 隨著年齡增長，睫毛會變得稀疏。以黑色或褐色眼線筆點在睫毛根部填滿空隙，就能營造睫毛豐盈的錯覺。接著，當然要拿出萬中選一的植村秀睫毛夾，然後刷上增添豐盈度的睫毛膏。

→ 腮紅霜較適合熟齡肌膚，因為能夠完美融入皮膚，效果自然；粉狀腮紅則會有點浮粉，皺紋處還會卡粉。

→ 泰麗‧琅茲伯格的 By Terry 品牌有一款非常出色的遮瑕產品 Touche Veloutée，我認為比以前的明采筆更優秀。

頭髮柔順心情就順

雖然我不會在本書中對頭髮多著墨（請見我的第一本書《Forever Chic：那些法國女人天生就懂的事》，有更多法國女人保養秀髮的祕訣），不過還是讓我回顧幾個重點，在此章簡單扼要的談點頭髮保養。老話一句，事前準備，就是為一切打好基礎：出色的髮型一定會考慮到髮質的不同，以及願意為髮型投注的心思。就拿我來說，我對打理頭髮毫無耐心。正坐在電腦前打字的我，及肩的頭髮綁成一束馬尾。

是否染髮完全是個人選擇。如果我有一頭美麗的灰髮或白髮，絕對會順其自然。但是我沒有。我曾經的——已經是幾百年前的曾經——金髮，現在最好聽的形容，大概就是稀釋的泥漿色。因此我花大把銀子做法式漸層挑染，那是我最奢侈的花費，不過結果讓我滿意的不得了。

以下有幾個快速小提點，是我回顧我的美髮造型師們的意見——負責染髮的米雪兒，還有負責剪髮的愛絲黛——幫助你保持秀髮閃亮健康。米雪兒住在離我們不遠處的鄉間；愛絲黛則在巴黎，她到哪一家沙龍我都跟著她，已經超過十五年了。為了讓她剪髮，要我跟到北極也願意。這些是她們告訴我的：

✛「最重要的是，你會希望頭髮有『躍動感』，否則很顯老，而且死氣沉沉。」愛絲黛說：「女人最不應該想的，就是讓頭髮太定型。如果髮型不夠自

然，就不會漂亮。」

✦ 一週最多使用兩次洗髮精。交替使用不同的洗髮產品。我會輪流使用巴黎卡詩（Kérastase）的洗髮精「漾光澤色髮浴」（Reflection Bain Chromatique）和 Christophe Robin 的洗髮乳霜（Crème Lavante），是具清潔效果的髮膜。

✦ 頭髮在洗髮的第二天和第三天最好看。

✦ 拋開一大堆美髮產品吧！如果你希望擁有柔順效果，極少量定型噴霧，就能讓不聽話的頭髮乖乖歸位。

✦ 兩位造型師都建議選購最基本的產品：洗髮精、速效護髮以及美髮沙龍販售的深層護髮或髮膜。她們說，因為這些品牌濃度較高，更 *performant*（也就是效果更好），因此使用分量就不需要這麼多。

✦ 米雪兒建議，一個月使用一次深層護髮髮膜，直接戴著浴帽後入睡。

✦ 與品牌同名，克里斯多夫・羅賓（Christophe Robin）是全世界最知名的染髮大師，不論有無染髮，他深知照護秀髮的重要性。他的品牌還有另一樣我最喜愛的產品，就是玫瑰豐盈護色噴霧（Brume Volume Naturel à l'Eau de Rose），這是含玫瑰水、具豐盈效果的髮霧，使用時噴在剛洗好、還潮濕的頭髮，從髮根到髮尾。*Eau de rose* 真是太迷人了。

❖ 我還會定期使用 Christophe Robin 的 Huile à Lavande 薰衣草保濕髮油，以及小麥胚芽鎖色護髮膜（Masque Fixateur de Couleur au Germe de Blé）。我為上一本書採訪他時，他給了我這些產品，我一試成主顧，買到現在。

❖ 偶爾，大概每個月一、兩次，在洗髮之前，我會以雙手掌心溫熱摩洛哥堅果油或荷荷巴油，抹在頭髮上，髮尾尤其要仔細塗抹均勻。我會輪流使用這些油和 Christophe Robin 的薰衣草油。這是克里斯多夫建議的小技巧，米雪兒和愛絲黛的意見也一樣。在法國，摩洛哥堅果油被視為液體黃金，並不是因為價錢高昂，而是因為其質地滋潤，容易吸收又不過度油膩，全身上下都能使用。所有頑固的乾燥肌膚區域，從手肘到腳踝，摩洛哥堅果油都能創造奇蹟，只要極少量就能使用大面積。

❖ 沒有時間洗頭髮時，乾洗髮可是真正的美容福音，只需稍微清潔髮根即可。最出色的品牌是蔻蘿蘭（Klorane），只要噴個幾下，用梳子輕輕按進頭皮就完成了。有些法國女人會使用乾洗髮當作豐盈產品。據說卡爾・拉格斐就是這樣保持頭髮的粉白色。

另一項美髮聖品就是黎諾（Leonor Greyl）的布荔蒂密緻油（Huile Secret de Beauté），身體也能使用，不過我

沒認識這麼做的人。這項產品另一個迷人之處，就是在這全球化大型集團企業保持超乎我們想像品牌數量的時代，黎諾仍然是家族企業，現在由黎諾的女兒卡洛琳‧葛蕾瑞（Caroline Greyl）經營。

滋潤的油很適合我們的秀髮和身體，而且各種價格都有。黎諾的油售價不菲，但是如果價格高昂的產品不符合你的預算，健康食品店販售的摩洛哥堅果油大多價格親民。

我的髮長及肩，頭髮很厚而且略帶波浪，因此我使用「Wet Brush」──不是濕的梳子，而是我使用梳子的品牌名稱，我也買了一把給滿頭捲髮的孫女──可將不可避免的糾結對頭髮造成的傷害降至最低。

頭髮也一樣，絕大多數我採訪過的熟女們，都偏好長度不過肩、甚至更短的髮型。米雪兒和愛絲黛認為及肩長度不適合經歷一段歲月的女性，然而許多熟女們可不這麼認為。

任職香奈兒的瑪麗－路易絲也同意前面專家對過了某個年紀後的髮型看法。幾年前，她剪了一個較短的鮑伯頭，認為那是最佳選擇；她主張短髮更適合成熟的臉孔。

初次採訪迪奧的瑪蒂德‧法薇耶時，她大約四十多歲，頂著厚厚的齊眉瀏海、長度到下巴的平齊髮型。再度見到她時，她頂著一頭小女孩般的精靈短髮（pixie cut），讓她的造型整個改頭換面。新造型彷彿為她的風采施了魔法。這點再度證明，找到能夠反映個性、突顯個人特質的髮型，絕對是美麗的福音。

J'ADORE LE PARFUM（我愛香水）

　　寫到美，以及到法國熟女，怎麼可能不提到香氛呢？香水是感官誘惑，極為私人，充滿挑逗感，而且有如魔法。香水就是我們個性和風格的延伸，能夠營造綿長悠久的記憶，香水也是一種溝通方式，無需言語，就能傳遞美好訊息。如你所見，我鍾情香水。我找上兩位浸淫在創造美好香氛的女性，聊聊她們對香水的熱愛。

　　傳奇的嬌蘭在創造香水一百八十年後，希爾梵·德拉庫特成為該品牌的首位「鼻子」，開創難以忘懷的優雅與美麗的香水。現在嬌蘭成為 LVMH 集團旗下品牌，希爾梵仍繼續擔任地位崇高的調香師顧問，同時大膽創立同名品牌 Sylvaine Delacourte，推出一系列麝香基調淡香精。過去我總是認為，麝香是陰暗濃烈的香料，但是在我們的訪談中，希爾梵解釋與證明，麝香極為有趣又變化多端，而且深沉複雜。

　　希爾梵在她的香水中，混合托斯卡尼鳶尾、保加利亞玫瑰、委內瑞拉零陵香豆，以及印度喀拉拉的辛香料。所有香水都以女性的名字來命名，不過她說這些香氛不僅女性喜愛，也同樣吸引男性。

　　希爾梵也深信，完全無法想像沒有香水的 *l'art de vivre*。「香水就是情緒，」她說：「香水必須讓女性有感覺，否則就毫無吸引力。切記，是女性賦予一款香水個性，獨一無二的肌膚與成分混合，成為她的代表香氣。」

　　我們在巴黎的蘭卡斯特飯店喝茶訪談時，她形容自己在動手創造香水之前，如何在腦海中想像香水的樣貌。她稱自己是「嗅覺側寫員」。她的天賦之一，就是創作訂製香水，為一位女性特別量身訂做產品。為了打造獨一無二的香水，她會訪問這位幸運的女性，問她一大堆問題，接著開始工作，混合各種氣味，轉譯她得到的訊息。當這位女性認為最終配方能夠反映她的個性，希爾梵就會將配方給她，世界上任何人都不能使用。

　　這樣的創作價格自然不菲：一款獨一無二的香水可能要價美金 55,000 元，會製作兩公升，裝在精美奢華的巴卡拉（Baccarat）水晶瓶中。但是擁有專屬香水、成為家族歷史的一部分，配方代代相傳，不是很美好嗎？

　　希爾梵的個人用香祕訣包括：

- 未開封的香水在冰箱冷藏，最多可保存十年。（現在我能想像，或許你瘋狂愛上某一款香水，擔心未來某天停產，便可以為未來做打算了。）
- 不同於我們常聽說的，膚色和香水的氣味一點關係也沒有，這之間的關係複雜多了。
- 選擇香水時，常會不知所以地被我們的「氣味傳承」吸引。深埋在潛意識中的氣味記憶，可能會出現在配方的某種香調中，像是青草、祖母的香水或是孩提時代的花園。
- 不時在床單上噴些你的淡香水。
- 包包裡永遠準備一個旅行用的小補充瓶，裝滿你

的香水。有備無患。

✦ 可在無香精的身體乳中加入幾滴香精。

✦ 你可以為朋友另選一款香氛產品，或是為他／她
選擇同系列的產品，如香皂、沐浴膠或乳液。但
是香氛非常私人，是一個人個性的延伸，最好別
亂猜他或她的喜好。

✦ 新的香水一定要試用一個禮拜；試用品至少夠用
一週。看看你是否仍像當初在店裡試用時一樣喜
愛，還有親近的人對新香水有何意見。

　　與希爾梵見面的前幾天，我和維吉妮・露（Virginie
Roux）一起喝茶，她的家族幾代以來一直為世界最頂級
的香水公司供應花朵。1998 年，維吉妮與她的先生安東
成立了「橙花之鄉」（Au Pays de la Fleur d'Oranger），
據他們所稱，這是出於「對格拉斯地區之花，以及世世代
代形塑普羅旺斯地景與家庭的香水，共同的熱情」。這對
夫婦在苦橙與百葉薔薇（Rosa centifolia）浪漫療癒的香
氛中長大，這也成為品牌的代表性香氣。他們雇用經驗老
道、充滿創意的調香師尚－克勞德・紀葛多（Jean-Claude
Gigodot），將他們的願景化為一系列奢華香水。以下是維
吉妮的個人用香祕訣：

✦ 香水有可能因為每個人的肌膚和賀爾蒙而被「削
弱」。換句話說，就是沒有效果。香水無法引發
愉悅感或情緒。

The Nine Best Spots
使用香水的最佳九大部位

根據希爾梵所言,以下是擦香水最具策略性的九個部位:

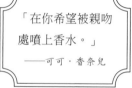

🌸 後頸髮根處。

🌸 手腕,但是不可太靠近雙手,以免
香味被洗掉。

🌸 手肘內側。

🌸 雙乳之間。

🌸 肚臍。

🌸 頭髮——噴在梳子上。

🌸 膝蓋後側(如此你飄然經過時,坐著的人就會聞到你的香水)。

🌸 衣物上,尤其是絲巾和毛衣。

🌸 噴在一小塊棉花上,然後塞進內衣。

> 「在你希望被親吻
> 處噴上香水。」
>
> ——可可·香奈兒

- 在手腕上試用新香水時，千萬不要互相摩擦手腕。摩擦會破壞配方的分子，引發錯誤的香氛解讀。
- 到香水專櫃試用數款香水時，記得在每一款香氛之間要「清鼻腔」，也就是在未噴香水的皮膚上深呼吸。同時吸入數種香氣，是不可能清楚分辨的。
- 香水絕對不可使用過量，在一天之中補噴香水是較好的作法。
- 記住，香水是一種語言。
- 女人就像變色龍，她們絕對會依照心情和季節，改變使用的香水，而且有好幾款輪流使用。
- 香水有如面具，或許可以隱藏我們的面貌。

歷史上的香水

我不知道你們喜不喜歡歷史軼事，但是我愛死了。因此，我想我要你們分享歷史書中我最喜愛的香水小故事：

- 數百年前，洗澡還不是基本大事，室內自來水管線還未發明時，香水是有實際功用的，能讓或許不好聞的體味怡人許多。
- 路易十五熱愛香水，連他的宮廷都被稱為「芳香宮廷」（La Cour Parfumée）。他的情婦龐巴杜夫

人（Madame de Pompadour）品味高雅，鐘情美麗奢華的事物，成為香水師的主顧。

✤ 這段時期，沒洗澡的人不僅身上用香水，也會在衣物、甚至家具上使用。

✤ 瑪麗・安東尼喜歡在凡爾賽宮擺滿鮮花，空中飄散迷人花香，讓整個宮廷和訪客都享受無比。

✤ 今日，大部分女性都會選擇淡香精（eau de parfum）或淡香水（eau de toilette），香精濃度約為 15% 和 10%。最奢侈的是香精（parfum），香精油濃度約為 25-30%，最淡的是古龍水（eau de cologne），濃度接近 3%。*Silage*（香跡）對我來說是一個新單字（雖然我撰寫香水報導已有數十載），意思是香水上身後的持久度。香跡是我們在空氣中留下縈繞不去的香氣，但是這和香水的用量毫無關係。或許也是香水另一個神祕的面向。

✤ 全世界最受歡迎的五款香水，排名由低至高分別是：Nina Ricci 的「比翼雙飛」（L'Air du Temps）；聖羅蘭的「鴉片」（Opium）；嬌蘭的「一千零一夜」（Shalimar）；Jean Patou 的「喜悅」（Joy）；最後是香奈兒「五號」（No. 5）——香水界永遠的第一名。每一款我都會用，除了「一千零一夜」，因為我不喜歡它在我身上的效果，還有「喜悅」，因為兒時好友從我有記憶起便一直使用這款香水（意思就是這款香水屬於她）。對我而言，「比

翼雙飛」精緻美好，也是我長大成人的第一款香水，同系列所有產品從香皂和爽身粉，到身體乳和真正的香精，我全部都有，真是美妙無比。

❧ 香奈兒「五號」的成功，是個因緣際會的故事。可可・香奈兒要求從一整排只標上號碼的普通瓶子中，選出她的第一款香水。她湊巧選了五號瓶，因為那是她的幸運數字。然後這款首度擁有數種成分的「配方」，於 1921 年五月五號發行——第五個月的第五天。

❧ 1947 年，迪奧發了第一款香水「Miss Dior」，獻給克里斯汀・迪奧的妹妹。不過迪奧先生並沒有將香水用法文命名，而是選擇了 Miss 這個字，因為他衷心熱愛英國的一切。

❧ 玫瑰和茉莉是香水中最常使用的香調，而且幾乎全世界的香水都含有其中之一或兩者兼有。不僅因為其香氣迷人，也因為很容易萃取出玫瑰和茉莉的精油。

精油之美

我的藥師克莉絲汀・莎蘿博士也非常熱愛精油。她鑽研精油多年，藥局中有一整區層架專門擺放數量可觀的精油，說到混調精油，她簡直像魔法師。雖然精油的功效眾說紛紜，我還是在此寫下她最喜歡的配方。記得，一定要

先諮詢醫生的意見：

+ 增加身體能量：採用 1：1 的蘇格蘭杉樹精油和雲杉精油。雙手溫熱八滴精油，然後輕輕揉在下背、腎臟上方處。使用二到三週。
+ 提振心靈和精神：深吸香柑（bergamot）、薄荷或依蘭依蘭精油。
+ 放鬆：可嘗試薰衣草、苦橙或甜橙精油。若對象為兒童，可在睡前使用橘子精油。塗在脈搏處以及腳底。然後深呼吸。
+ 助眠：使用羅文沙葉精油（略帶尤加利葉香氣），具抗憂鬱和抗壓效果；也可嘗試甜杏仁和薰衣草精油。擦在脊椎下方或腳底皆可。
+ 解宿醉：迷迭香、檸檬和薄荷精油各一滴，滴在方糖上，立即食用。
+ 橘皮和乾燥肌膚：試試酪梨油，塗抹在需要的部分並按摩。
+ 一般疲勞：在皮膚上塗擦小麥胚芽油。
+ 極乾性肌：在身體上以足量夏威夷果仁油按摩。
+ 黑眼圈、眼袋：在食指上滴兩滴瓊崖海棠油搓揉，然後輕拍按摩眼下部位。

　　某次到藥局向克莉絲汀打招呼時，我抱怨皮膚看起來和感覺都不是很好，而且有斑點、泛紅又暗沉。她說我做過頭了、太常使用過多保養品，我可憐的臉需要喘口氣。

接著說她有個處方，能夠讓我的肌膚狀態恢復正常，要我隔天去找她。

　　隔天，她交給我一只可愛的藍色小瓶子，裡面裝滿她為我特製的調和精油。「裡面全是抗氧化劑和脂肪酸，還有很多滋潤成分。十天後你就會看到效果了。」她說。顯然我很需要她的特調精油，因為在我上床睡覺之前，油已經完全吸收，只留下我認為很助眠的迷人香氣。克莉絲汀說那是處方的「附加效果」。

　　我向她要來配方，以便與讀者分享。她強調所有成分皆為 *bio*。最主要有三種植物油以及五種精油。植物油扮演精油使用在身體上的「載體」。我把配方轉為公制，一毫升等於 1/5 小匙──很不容易度量。吸滿滴管，將油滴在乾淨的雙手上，輕輕搓揉至溫熱，然後拍在臉上，就可以睡了。

Pour Letitia
（為我特製）

植物油：
摩洛哥堅果油 10 毫升
琉璃苣油 10 毫升
玫瑰果油 7 毫升

精油：
綠香桃木 1 毫升
蠟菊 1/2 毫升
花梨木 1 毫升
天竺葵 1/2 毫升
丁香 1 滴

　　特別提醒：我在外採訪各種事物，從食物、葡萄酒到美妝保養產品，也親身體驗，意外的發現自己竟然對某個吹噓自家天然成分的奢華品牌高度過敏，而且立即反應：我的臉立刻發紅，皮膚熱燙到幾乎要尖叫。大量冷水和冰敷袋讓我的肌膚在幾個小時後恢復正常。這是我第一次對某

樣產品產生負面反應。因此我想提醒讀者，雖然精油是天然的，仍應該先諮詢醫師，並且在使用前測試肌膚反應。

我的最愛

我總是開心又謹慎地聽從皮膚科醫師薇樂麗‧嘉蕾的話，她建議要替換使用保養品。她的意思是，手邊產品用完後，就以另一樣產品代替，然後再用回先前的產品。如果我禁不住誘惑，或許會嘗試新東西。

以下分別是我最喜歡，並且認為效果最好的產品。有些從未換過，因為我就是沒辦法捨棄我們之間深厚的關係——理由很多。然後我也會加入一些新血，全都是由我身邊的專家群所推薦；購買保養品時我絕不憑衝動。當然，我和以下提及的品牌之間沒有任何利益關係，而且只介紹醫生或藥師朋友推薦的產品。如果我不喜歡某樣產品，認為效果沒有達到產品說明中所聲稱的，或是我產生過敏反應，就不會在本書中提到。一如往常，我建議先試用再購買，用過試用品才能知道產品是否適合自己，而且最好諮詢皮膚科醫師。

清潔

❧ 貝德瑪嬰兒潔膚水（Bioderma ABCDerm H2O Solution Micellaire）
❧ 薇姿深呼吸系列全面卸妝乳（Vichy Pureté Thermale 3-in-1 One Step Cleanser）
❧ 理膚寶水青春潔膚深層清潔泡沫洗面乳（La Roche-Posay Effaclar Deep Cleansing Foaming Cream）
❧ 黎可詩排毒抗汙染耀顏有機化妝水（Nuxe Bio Beauté Lotion-Soin Détox, Anti-Pollution et Élcat）
❧ Roger & Gallet 曙光紫茉莉超細緻卸妝面膜（Roger & Gallet Le Soin Aura Mirabilis Masque Extra-Fin Démaquillant）

　　最後一項產品是克莉絲汀介紹給我的，是卸妝乳也是面膜，使用起來非常有趣，而且全都是天然成分，香氣雅緻迷人。剛擠出來類似濃稠的凝膠，在臉上按摩後就會變成乳液狀，然後沖洗乾淨，肌膚看起來煥然一新。也可以留在臉上當做面膜。我搞不太清楚原理，不過效果顯而易見。

去角質

- 黎可詩玫瑰柔膚去角質凝膠（Nuxe Gentle Exfoliating Gel with Rose Petals）
- 理膚寶水舒緩保濕高效細緻去角質凝膠（La Roche-Posay Gommage Surfin Physiologique）
- Dermaceutic Laboratoire 15 去角質深層清潔泡沫（這個產品真的很有效，含 15% 乙醇酸，可能不適用於極度敏感肌。我很喜歡這款產品，但是一週只會使用一次。這是嘉蕾醫師推薦的。）

注意：不可過度去角質。全程要以最輕柔的手法進行，去角質後記得一定要搭配保濕產品。有些皮膚科醫師建議夏季降低去角質的頻率，以免肌膚過度脆弱。

日霜

- 伊思妮玻尿酸緊緻 SPF15 乳霜（Eucerin Hyaluron-Filler Day SPF15）。玻尿酸配方新加入了防曬效果。

✤ 菲洛嘉保濕煥膚強化乳霜（Filorga Hydra-Filler Pro-Youth Moisturizer）

✤ 理膚寶水瑞得美維他命 A 潤色乳液 UV SPF30

✤ 理膚寶水瑞得美日霜，一般到混合性膚質

晚霜

✤ 伊思妮玻尿酸緊緻晚霜（Eucerin Hyaluron-Filler Night）

✤ 菲洛嘉深層保濕面霜（Filorga Nutri-Filler）

✤ 克莉絲汀特製的「Pour Letitia」，一週一次深層保養

精華液

✤ 菲洛嘉尿酸保濕精華（Filorga Hydra-Hyal Intensive Hydrating Plumping Concentrate，可單獨使用，或搭配日霜和晚霜）

✤ Auriga 活膚 C 強效精華（Auriga Flavo-C Forte）

✤ 黎瑞黑鑽復齡精華液（Lierac Premium Sérum Régénérant）

✤ Roger & Gallet 曙光紫茉莉雙重精萃（Roger & Gallet Le Soin Aura Mirabilis Double-Extrait， 這是克莉絲汀送的禮物，因為她的藥局才剛購入一系列 Roger & Gallet 的新產品。這款精華液要搭配同品牌面膜使用，聞起來就像夏日花園。）

清潔產品護唇

✤ 黎可詩蜂蜜滋潤護唇霜（Nuxe Baume Lèvres Ultra-Nourrissant Rêve de Miel）

✤ Labello 護唇膏（Labello Soin des Lèvres）

✤ 雅漾活泉滋潤護唇膏（Avène Care for Sensitive Lips）

✤ 卡尼爾溫和蜂蜜護唇膏（Garnier Ultra Doux Trésors de Miel）

眼部

❧ 菲洛嘉亮麗眼霜（Filorga Optime-Eyes Eye Contour，這是嘉蕾醫生最近推薦的產品，冷藏保存可以讓效果更好。）

❧ 恩倍思煥采明眸眼霜（Embryolisse Eclat du Regard，這款雙效棒狀眼霜可以提亮撫平眼周，舒緩黑眼圈和浮腫，冷藏使用效果更好，是彩妝師的最愛。）

痘痘

❧ 理膚寶水淨痘無瑕極效精華（La Roche-Posay Effaclar Duo Acne Treatment）

❧ 處方維他命 A 酸（Retin-A）

+ 雅漾長效保濕面膜（Avène Soothing Moisture Mask，具深層保濕效果，有時候我會敷著入睡）
+ Nocibé 膠囊面膜（Nocibé Masque Capsule），每款面膜都裝在獨立膠囊中：小紅莓＝明亮；黏土＝淨化；蘆薈＝保濕；蜂蜜＝滋潤；薑＝抗老。這些面膜用起來快速又好玩。
+ 柏姿煥采亮顏睡眠面膜（Payot My Payot Sleeping pack Anti-Fatigue Sleeping Mask），清潔臉部後，塗上薄薄一層，可以直接上床睡覺，只要記得更換枕頭套。
+ 黎可詩植物奶水凝保濕面膜（Nuxe Crème Fraîche de Beauté Masque），訴求舒緩保濕功能的面膜。
+ 思妍麗賦活晶瑩面膜（Decléor Life Radiance Flash Radiance Mask）

+ 黎可詩蜜糖去角質凝乳（Nuxe Body Gommage

Corps Fondant，含杏仁和橙花花瓣我會混合同香氣的蜜糖沐浴凝膠使用）

+ Linéance 強效去角質凝膠（Linéance Gommage Intense）

+ 卡尼爾絕美去角質凝膠（Garnier Gommage Beauté Absolue）

+ 克蘭詩竹子精華身體去角質霜（Clarins Exfoliating Body Scrub for Smooth Skin with Bamboo Powders）

+ 一顆橄欖橄欖精華身體去角質霜（Une Olive en Provence Body Scrub），含橄欖油和橄欖核粉。這是朋友送的禮物，我非常喜愛。

沐浴膠

+ Roger & Gallet 的沐浴凝膠系列真是美妙無比。我全部都好喜歡，用完一條就會換一個香味。

+ 法貝兒滋潤沐浴膠（Biolane Gel Lavant Surgras），這是我為孫女艾拉購入的嬰兒用沐浴乳。不含香料，非常保濕，是冬季皮膚乾燥時的滋潤好選擇。

+ 艾芙美（A-Derma），我的皮膚科醫師推薦極度

乾燥敏感的肌膚使用。與其說是凝膠，質地更偏油狀，專為洗澡設計。舒緩的配方非常溫和，嬰兒、臉部和身體都能使用。富含植物性成分與萃取物。

✤ Cadum 滑石粉杏仁奶沐浴乳（Cadum Crème Douche au Talc Surdoux et Lait d'Amandes），這也是一款許多家庭起初為嬰兒購買，接著全家都跟著使用的產品。

身體乳

如你所知，含有香氣的產品數以百計，許多身體乳還與我們使用的香水同香。但是這部分我選擇無香、或是幾乎沒有氣味的乳液。所有產品皆為皮膚科醫師和藥師推薦，具肌膚修復效果。

✤ 雅漾清爽身體保濕乳（Avène TriXera Nutrition Nutri-Fluid Lotion）

✤ 雅漾滋潤身體冷霜乳（Avène Cold Cream Nourishing Body Lotion）

✤ 艾芙美燕麥新葉益護佳加強霜（A-Derma Baume Emollient，這款乳霜非常溫和，嬰兒也能使用，

質地滋潤，可鎮定肌膚，舒緩乾癢肌膚。）

✤ 護蕾極護舒緩身體霜（Ducray Ictyane HD Lipid-Replenishing Anti-Irritant Balm）

✤ 特碧極潤保濕身體乳液（Topicrem Ultra-Hydrating Long-Lasting Body Milk）

✤ 亞吉妮奇蹟足部舒緩霜（Akileïne Pieds Tres Secs），這是我萬中選一、最愛用的乾性足部乳霜，由擁有國家執照的醫療足部護理師推薦。

其他各式各樣的產品

✤ Sanoflore 有機玫瑰花水（Sanoflore Organic Ancient Rose Floral Water）是純天然的清爽化妝水。夏天時我會冷藏使用。

✤ 雅漾修復霜（Avène Cicalfate Restorative Skin Cream），這是主打術後修復可使用的產品，不過對於一般肌膚的修護效果也非常出色。我的醫藥箱裡總是準備一條。

✤ 優麗雅屏護系列（Uriage Bariéderm），幫助你修復生活中的小傷口。

✤ Løv 有機洛神花茶（Løv Organic Hibiscus），這是某種「茶」，但又不是真的茶，是我的法國姪

子介紹給我的，他也是醫生，力求身體外用內服
的產品皆為純天然。這款有機茶混合了石榴、洛
神和枸杞，據說有提神和增加精力的效果。（我認
為其優點很適合做為貼心的禮物，而且包裝還是
可愛的藍色罐子。）

✤ Biafine，專治各種小傷口和燙傷的神奇藥膏，還
能有效舒緩曬傷。

✤ Homeoplasmine 軟膏受歡迎到竟然有自己的主題
標籤。它以舒緩乾裂嘴唇、鼻子過敏、還有表淺
擦傷遠近馳名，因而成為藥妝界的超級明星。這
款軟膏很受彩妝師青睞，因為不會讓嘴唇表面滑
膩，而是呈現霧面質感，是最完美的唇彩底劑。

✤ 雅漾活泉水（Avène Eau Thermale），夏天可放
入冰箱。人生怎麼可以沒有它！

✤ 理膚寶水安得利輕透防曬乳 SPF60（La Roche-
Posay Anthelios Ultra Light SPF60 Sunscreen）

✤ 歐緹麗滋潤抗氧護唇彩（Caudalié French Kiss Lip
Balm），擦上就會帶有大家追求的「咬唇」效果。

✤ 歐緹麗葡萄籽活性爽膚水（Caudalié Beauty
Elixir），彩妝師和我都愛不釋手的魔法噴霧。

✤ Christophe Robin 藍莓植物抗氧化洗髮水
（Christophe Robin Antioxidant Cleansing Milk
with 4 Oils and Blueberry），讓我的法式漸層挑
染恢復生氣。

✤ 克蘭詩晶瑩亮麗霜（Clarins Beauty Flash Balm）

關於美的一切

法式生活藝術與美緊緊相繫。時至今日，我們仍對於過去女性不惜為了美而使用某些危險的產品感到驚訝。

據說瑪麗·安東尼會戴著內裡塗蠟、玫瑰水和甜杏仁油的手套入睡，睡前會用 *eau de pigeon*（鴿子水）洗臉。很不幸的，鴿子水的配方中包括真正的鴿子。

根據《Vogue》雜誌報導，她最愛用的面膜能讓膚質光滑明亮，材料包括兩小匙干邑、1/3 杯奶粉、少許檸檬汁，還有一顆蛋白。顯然部分法國女人至今仍使用這款面膜，而且對堅稱其效果顯著。

若說法國女人認為美和愉悅密不可分，這個概念一點也不言過其實。我認為她們「真正」美麗的祕密，不僅來自使用最喜愛的產品以及對保養儀式的忠誠度，更是因為她們非常享受保養儀式的過程。

我認識的法國女人，預防和保養是她們的首要目標。她們的目的是要優雅地老去，盡可能展現自己美好的樣貌。她們全都願意為了最終結果付出必要的時間，而且盡情享受保養的過程。這是我們每一個人都可以牢記在心的一課。只要感覺很美好，你就會看起來很美好——就是這麼簡單。

6

法式風格：
法國女人的祕密武器
Le Style à la française

　　任何關於法式生活藝術的話題，如果沒有讚揚法國熟女揚名全球的「風格」，就稱不上完整。

　　我們都見過一種女人，在走進室內或漫步街上時總是渾身散發自信。或許就像是某天在巴黎，我與**我定居法國的理由**共進午餐時，偶然遇見的五十多歲女子。

　　當時正值早秋，她和另外三個女人共進午餐，聊得正起勁，是那種只有親密好友之間的熱絡談話。我的目光無法從她身上移開。其他三位女性打扮也很得體，但是對我而言，她那 *je ne sais quoi*（難以言喻）的特質令她與眾不同。她穿著簡單的灰色高領毛衣，剪裁精緻的灰色法蘭絨長褲。不過最精彩的，當屬她配戴的閃亮大耳環，手上一只大戒指，另一隻手上戴著銀色寬版手鐲。她的指甲塗成

深紅色,一頭及肩深色頭髮隨性沒有特別吹整,而且看起來幾乎沒有上妝。

那對耳環讓她的臉龐整個亮起來,隨著她說笑的節奏晃動閃耀。我不禁想,她是否也像看起來那般無憂溫暖。至少,在當下顯然是很開心的。

午餐結束後,她與朋友吻頰互道再見,套上輕盈的白色羊毛大衣,比其他友人先走一步。至今我仍然非常後悔當時沒有跳起來,衝到門外追上她,告訴她我覺得她有多時髦,然後問問關於耳環的事——良機已失。

我後來再也沒有見到那位女性,不過她讓我了解到,只要花一點小心思,簡簡單單就能創造不同。一如往常,細節就是一切。細節可以是配件,例如這位女性,不過細節也可以是衣物的合身度,裙子或外套的長度,在整體中性色調中加入意想不到的明亮色彩,全身同色系打扮,深藍裝扮加上藕色大衣這類巧思,或是繫上大大的絲巾。關於細節的可能性幾乎無窮無盡。

忠於自我

瑪蒂德・法薇耶的個人風格非常鮮明,輕快隨性,是令人情不自禁帶著欣賞眼光盯著看的女性之一。我認識她的第一天,她穿著牛仔褲和灰色毛衣,光著雙腳,腳趾甲拋光過,幾乎沒有上妝。但她就是駕馭了這身超簡單的造型。她的一切都散發風采——她的微笑,她的溫暖,還有

她的聰慧。她的穿衣方式就是自我開朗性格的延伸。

第二次見到她，剪了一頭小女孩般的精靈短髮。雖然髮型讓她大不相同，但是這個髮型就是她的樣子，彷彿為她量身打造。

當我問瑪蒂德關於這個話題時，她告訴我，所有的人都應該遵循的首要規則，就是「千萬別試著成為不是自己的人。女人必須明白自己究竟是什麼樣的人，忠於自我，並且好好運用發揮自己的特質」她說。

一次又一次，我觀察到，還有法國女人也告訴我，她們在很年輕的時候就了解到，努力模仿可能由專業造型師一手打造出來的當紅時尚人物，沒有意義也沒有好處。母親和祖母以言教和身教教導下一代，唯有做自己才能與眾不同，如時尚傳奇黛安娜·佛里蘭（Diana Vreeland）所說的「獨特」。找出你喜歡自己的部分，然後盡情發揮它。靈感俯拾皆是，觀察、吸收、利用適合自己的重點，然後將之轉化為你的一部分。

我花費大半職業生涯，以「本季最新潮流！」之類的大標題，解釋如何辦到這一點。身為時尚編輯，從米蘭、倫敦、日本、德國和紐約的服裝秀場，以及巴黎的成衣和高級訂製服秀場回來後，我寫過數百則關於當前與未來趨勢的文章，而且我由衷喜愛參與的每一刻。當我從秀場回到辦公桌前，總是會寫下同樣分量的文章，關於如何將伸展臺上的元素帶入真實世

界，就像我如實報導在伸展臺上看到的一切。

對我而言，最有趣的部分在於將伸展臺上創造驚喜效果的必要誇張元素，轉化為可穿戴的衣物。有時候是關於色彩、配件或新的剪裁，不過總是會有可利用的重點。

這也是為何我一直偏愛春秋兩季的法國時尚雜誌，厚厚一大本，載滿所有當前最新流行。只要學會如何閱讀這些雜誌，就能從當前流行中看出最新、最頂尖的資訊，總是混搭各種經典，而且從不失敗。也許是以新布料或色彩製作的西裝外套，擁有特殊細節看來與眾不同的襯衫，一雙鞋，誇張耳環（！）或是精質大衣。我利用這些雜誌做為參考資料，因為如果我們正在尋找某樣事物——即便還不清楚到底在找些什麼——靈感和訣竅會在書裡等著我們。

態度就是一切

同時也別忘了，法國女人打扮時的態度和想法，就是她的終極時尚配件。

智威湯遜趨勢智庫最近一篇報導表示，嬰兒潮女性並不會以年齡定義自己。這篇報導稱這些人為「彈性世代：女性版」（Elastic Generation：The Female Edit），包括宣稱年老後更享受人生的女性（61%），承認自己比過去更坦率（68%），以及說她們正在努力成就一直以來的夢想（57%）。

這篇報導導向三大結論：

❦ 年齡不再是年長女性如何生活的指標。
❦ 許多女性希望在品牌宣傳中看見更多年長臉孔，
   只要這些形容是貼切真實的。
❦ 刻板印象已經過時了。現在是結合而非劃分世代
   的時刻。

此外，這些女性感覺風格不應該由年齡定義。她們不希望被無視，而且想要擁有有合身、看起來漂亮有自信的服裝——我們過去似乎並不明白這點。

這是關於我們如何看待自己的堅定立場。我向來感覺法國女人從不在乎穿著是否——大致來說——有年齡分別。反之，她們會問：「身上穿戴的衣物是否讓我看起來感覺很時髦？」六十多歲的法國女人仍會穿運動鞋配夏季長裙，落肩上衣、膝上裙、還會在西裝外套下搭配 T 恤。如果她們手臂很漂亮，就會大方露出。最有趣的是，她們不認為如此選擇衣物叫做打破規則。她們選擇穿上讓自己 *bien dans leur peau*（感覺自在）的衣物。這就是風格和態度令人無法抵抗的結合。

如瑪蒂德所言：「不要認為一切只和服裝有關。這也和我們穿戴衣物的心態和方式有關。」確實如此。

雖然瑪蒂德身處時尚產業，她相信這個

位置反而令她對風格的洞察更清明犀利。「我認為不要花太多時間在自己身上，或是太執著於衣物，」她說：「我確實很愛服裝，我也喜歡打扮，但這不是執著。我喜歡看每一季有哪些東西，然後小心選擇。我會精挑細選，然後思考自己已經擁有哪些衣物。衣物必須因時地制宜。我喜歡為不同場合打扮，真的非常有趣。」

她繼續說道：「隨著我們年齡漸長，我認為應該重新思考頭髮的造型和顏色——也許我們需要改變一下。我也認為膚色不應該曬得太深，或是身材太瘦，或許讓細跟高跟鞋退場也不錯。如果穿戴的衣物讓我們感覺不自在，就優雅不起來，風采就也會煙消雲散。」

瑪蒂德認為毛衣和裙子是最完美的簡單組合，這樣的搭配是無懈可擊的時尚基底，想想有多少可能性！

獨一無二到毫無爭議的時尚偶像伊內絲·法桑琪（Inès de la Fressange）最近剛邁入六十大關，當我請教她是否可以給熟女一些培養風格的建議，她提到這些觀點：

- 「減少全身上下的珠寶」
- 「不要加入過多配件」
- 「到青少年或男童區買 T 恤取代絲質上衣並搭配短夾克」
- 「拋開那些閃亮亮的化妝品吧」
- 「與其批評，不如放開心胸嘗試新事物，從衣物到體驗皆是」
- 「不要努力讓自己看起來像二十歲」

✦「微笑」（她總是掛著笑容）

風格隨時隨地

如同我之前說過的，法國女人最受讚美的事情之一，就是「我覺得你穿這件洋裝好好看。」她不在乎朋友或同事是否在許多場合看到，她總是穿相同的洋裝或套裝或外套。她顯得很自在，感覺亦是如此，自信又時髦，而且外人也看得出來。（不過她一定會變化配件。）

「或許這就是重點，」伊內絲說：「給人你獨有的風格印象，但是又加入些許新潮流。許多女人從三十歲以來一直擁有相同的風格。我認為觀察流行，並以不同方式將之注入自己的風格是一件好事；這麼做也不會讓人盲目追求流行。」

路易・威登的珠寶設計師卡蜜・米切莉是瑪蒂德最要好的朋友之一。瑪蒂德給我她的手機號碼，並說：「告訴她，我說務必和你見面。」

見到卡蜜渾身散發和瑪蒂德相似的迷人熱情魅力，我一點也不意外。卡蜜完美地形容自己對風格的想法是「無所顧忌，隨心所欲。」

我們在巴黎見面的那個早上，她未施脂粉，頭髮光整地往後梳，綁成低髮髻，而她身上的黑洋裝，可以從我們的早晨咖啡穿到晚上的黑領結晚宴，包括她腳下那雙高跟鞋。她真是美得不得了。

　　她說她會依照每天的心情打扮，有時候如果天氣有點陰沉，她就會在衣櫥裡尋找好心情的答案。「風格是內在的，」她說：「風格會反映出我們的個性、心情，也會傳達精神。大家都有感到不安的時刻，但是我們一定要把這些不安放到一旁，暫時忘卻它們，然後接受自己原原本本的樣貌。這才是最重要的。只有我們才能決定自己是否感覺良好。」

　　我問過本章中的每一位受訪者，請她們聊聊自己最喜歡的東西，關於時髦不敗的衣服和配件，從容，還有自信。

　　「這樣說好了，我不相信 *aux tendances*（時下流行）。」卡蜜直截了當地說：「對我而言，每一個女人都應該以自己的方式，讓 *la mode*（時尚）適合自己。」以她自己的方式，接著，是卡蜜最喜愛的東西：

1. Azzedine Alaïa 黑色針織洋裝，長度剛好在膝上。
2. Louis Vuitton 鉚釘拉鏈上衣
3. 灰色寬高領 T 恤
4. Givenchy 2008 年春裝系列的花朵圖案洋裝
5. 1980 年代黑色皮革波雷洛外套（bolero）
6. 從她十歲到現在的毛呢短外套
7. Gilles Dufour 小圓領喀什米爾毛衣（Gilles Dufour 是瑪蒂德的叔叔）
8. Comme des Garçons 毛氈大衣
9. Louis Vuitton 2017 春裝系列的灰色平織洋裝，白天她會搭配芭蕾平底鞋，晚上則搭配細跟高跟鞋

10. John Smedley 一系列黑色、駝色和深藍色的平織
    上衣

　　卡蜜經常把 American Apparel 的 T 恤剪成船型領。她
也喜歡在 T 恤上佩戴胸針。「我也會穿褲裝，不過洋裝還
是簡單多了，套上就能出門。」她在一長串衣物清單中提
醒：「切記，優雅是一種存在的方式，是我們的言行舉止。
少了對他人的尊重和禮貌，穿得再漂亮體面也是枉然。」

　　如我在前面章節提過，我是克莉絲汀・拉加德的超級
粉絲，她是國際貨幣基金組織的首位女性總裁。多年來我
一直希望能夠認識她，在波爾多的派對上，雖然很短暫，
但是我終於如願以償了。她在派對上幾乎寸步難行，因為
她的粉絲實在太多，但她還是非常親切地答應在晚餐後和
我聊幾分鐘。

　　如果你對她的打扮方式不陌生，就會發現她的風格
氣宇非凡，你絕對不會認為她有可能穿硬梆梆或男性化的
商務套裝，扣子從頭到底。她偶爾會穿長褲，不過主要選
擇洋裝和裙裝，搭配成套或不成套的外套。她穿著及膝長
靴，鞋跟大多是中等高度，晚禮服露出的肌膚面積恰到好
處。她的女人味十足，但是絲毫不顯嬌氣。打
破既有規則就是她的風格之一，是我們所有人
都值得學習的一課。

　　「女人不需要打扮得像男人，」她說。她
給商務女性或是身處男性為主職場的女性建議
是什麼呢？「不要露太多，記得永遠做自己。」

基本款

如果你讀過我的上一本書或是部落格，一定已經認識我的朋友芭貝特·傅尼葉（Babette Fournier）。她擁有幾家店鋪，其中兩間——一間是服裝店 Côté Rue，另一間是配件和鞋履 À Mi Chemin——位在我們購物的區域。我很常到芭貝特的店購物，尤其是為我的女兒。我好愛她的品味，還有她為自己的店採購的服裝。

我最喜歡和她一起玩的遊戲，就是要她選一件當季單品，然後為三個不同世代的女性搭配：六十世代的 *la grand-mère*（奶奶）；四十世代的 *la merè*（媽媽）；還有十八歲的 *la fille*（女兒）。

芭貝特的客群從十四歲到八十多歲，這證明了她深知如何搭配服裝。「我會為店裡選入我認為對女性而言最明智的採購單品，也就是說，80 ～ 85% 是基本款，其餘才是流行樣式。」她說。

芭貝特的「基本款」可以是深藍西裝外套，但可能有金色編織滾邊。我買給安德蕾雅的藍白條紋府綢襯衫可視為基本款，而且能穿很多年。那件襯衫是無領設計，扣子在背後，版型略呈傘狀，而且如果不想穿成傘狀感覺時，長度也足夠塞進褲頭。

芭貝特為一個家庭搭配兩個系列。第一套，她選了一件厚棉運動衣（sweatshirt），但她總是唸成「蜜衣」（sweetshirt），她想用這件單品打造三套服裝。

「不行，你辦不到的。」我說：「我們美國人跟這類單

品的關係很不健康。很多女人認為，無論上身和下身是否分開穿著，運動服就是街頭服裝。求求你選點別的。」接著我開始長篇大論，說在我的標準中，厚棉運動衣只能出現在健身房，法國女人不可能夢想穿著這種衣服上街。而且即使是穿去健身房，剪裁可一點都不能拉遢。

然而她很堅持。「你不懂，」她說：「我是在說一種『類型』，而不是真正的厚棉運動衣，而且還有各種不同材質。我才不會買那種沒有型的寬大款式。我認為那是衣櫥的基本款，寬鬆度剛剛好，感覺很舒適，同時又不會厚到無法繫上腰帶。」好吧，我心想。

下面是她以一件灰色厚棉運動衣為我們的跨世代家庭搭配的造型，單品可能來自 Essiental Apparel 或 Isabel Marant，視每季狀況而定，那是她最喜歡的兩個厚棉運動衣品牌：

奶奶

- 厚棉運動衣，袖口反折
- 很多白珍珠
- 直筒深藍亞麻或 Spandex 混紡長褲
- 直身剪裁，淺灰膝上羊毛大衣
- Repetto 亮皮莫卡辛平底鞋

媽媽

- 厚棉運動衣
- 酒瓶綠棉緞及膝鉛筆裙
- 黑色羊毛西裝外套
- 黑色不透膚褲襪
- 黑色皮革高跟鞋──「不要太精緻、植頭不要太尖也不要太圓」
- 多種彩色寶石──包括綠色──的超大胸針

女兒

- 厚棉運動衣隨性紮入前褲頭
- 灰色格倫格紋羊毛亞麻混紡「胡蘿蔔」褲，褲腳稍微折起
- 白色高筒 Converse
- 黑色騎士皮衣外套
- 媽媽或祖母的愛馬仕絲巾，折成三角形後再折成帶狀，在脖子上繞兩圈繫起
- 很多戒指

　　她為我們家庭選擇的第二件基本單品，是純白無領長袖襯衫，長度過腰（這樣就能選擇要不要紮進去）

奶奶

+ 襯衫，紮進褲子
+ Lee 深藍直筒牛仔褲
+ 脖子上繫多彩繽紛絲巾
+ 夏天搭配多彩涼鞋
+ 搭配極度女性化的深藍和銀色德比鞋
+ 彩色襪子能為德比鞋增添趣味
+ 銀色 *creole* —— 大圈耳環
+ 法國藍膝上大衣

媽媽

+ 襯衫鈕子不扣滿，隱約露出半胸
+ 炭灰羊毛亞麻混紡「胡蘿蔔」褲，襯衫紮進褲頭
+ 強調腰身的黑色寬版皮腰帶

- Anniel 豹紋芭蕾平底鞋
- 灰色細條紋大衣
- 金色大圈耳環，一手手腕戴超寬版
  金色手鐲
- 黃色金屬鍊肩背包

女兒

- 襯衫，紮進裙子
- 長度到大腿中間的深藍羊毛迷你裙，正面兩側各
  有四顆深藍鈕釦
- 深藍或黑色不透膚褲襪
- 黑色平底繫帶 *bottines*（短靴）
- 深藍羅紋針織反折毛帽
- 駝色風衣
- 其中一隻手上有超大刺青貼紙（這樣她的奶奶和
  媽媽才不會驚嚇過度）

　　某一次，我請已有數十載交情的香奈兒公關總監瑪麗－路易絲與我分享，若把衣物精簡至二十件，她會保留哪些單品。「太多了啦。」她還怪我。一如其他身處高級訂製服產業的人，瑪麗－路易絲得以接觸世界上某些最精

緻華美的服裝，然而她宣稱不需要滿出來的衣櫃也能有型又優雅。

一如瑪蒂德、卡蜜和伊內絲，她強調所有獨具風格的女性都熟知的規則：「絕對絕對不要從頭到腳打扮得太『完整』。當女人搭配出屬於自己的經典造型時，就會自然流露出個性。」

瑪麗－路易絲自稱是一位快樂的熟女，把自己打理得非常好，不過她也坦承：「感謝父母」，認為自己很幸運繼承到優良基因。她在卡爾・拉格斐接手香奈兒之前就已經在該品牌工作，後來更成為卡爾的左右手。她解釋，1980年代，卡爾擷取香奈兒品牌極度高雅貴氣的形象，並注入 *coup de jeunesse*（青春氣息），那是各個年齡的女人都能理解的年輕。

然而，除了瑪麗－路易絲簡潔的衣櫥，她也給熟女們由衷的建言。

以下是她告訴我的話：

* 「我們活在一個與 *la mode*（時尚）息息相關的世界，因此我們必須培養對時尚的感覺，花點心思。這能夠讓我們保持對自己的良好感覺。」
* 「妝淡一點。」
* 「好好照顧頭髮。無論我們幾歲，頭髮都應該充滿趣味。」
* 「過了某個年紀就不再適合極長的頭髮。顯得太努力保持年輕了。」

✤「態度才是整體打扮中最奢華的部分，而不是衣物本身。」

✤「打扮完畢時，整體印象應該是 *decontracté*（這個字的意思是隨性或不費力氣——那個人盡皆知的法國概念：你根本沒花任何時間或心思，想著自己該穿什麼。）」

✤「對法國女人而言，最大的錯誤之一就是打扮過度。」

✤「對於比例絕對要謹慎再謹慎，例如外套和裙子的長度；並且確保衣物的剪裁能展現自己最漂亮的一面。」

✤對大部分年過六十的女性，我認為她們或許不要露出手臂比較好——或是只露出一部分。」

✤「別露乳溝，拜託。」

✤「不要注射豐唇填充物，*s'il vous plaît*！（拜託！）」

✤「如果女人有一雙美腿，當然應該露出來。但這不表示要露出大腿。」

✤「三十歲適用的優雅，或許不適用於六十歲。」

瑪麗－路易絲繼續強調，風格和優雅「和價格一點關係也沒有，那是一種生活方式」她說。至於她的極簡衣櫥，以下是她想像中的衣櫥必備單品：

1. 週末穿的剪裁漂亮的長褲兩條
2. 工作穿的鉛筆裙一條

3. 喀什米爾兩件式針織衫——「一件開襟針織衫和
   一件圓領毛衣可以變化無窮。」

4. 毛呢套裝，成套的裙子、長褲和收腰外套。

5. 晚間正式裝扮用的莫塞琳（細織）絲質上衣

6. 風衣

7. 藍色毛呢翻領的藍色西裝外套

8. 黑色絲絨窄身外套

9. 莫塞琳絲質晚裝長褲

10. 芭蕾平底鞋、中跟鞋、質感優美的手提
    包、漂亮的手套、鑽石耳環

　　當我問伊內絲，她認為女人的衣櫥該有哪些必備衣物
時，她只回答一件單品。「深藍色毛衣——完全不挑人，
而且讓整體顯得俐落又活潑」她說。

　　我希望她多說一點，但是接著她給了幾個建議：「最
重要的是，不要買新衣物，而是丟掉衣櫥裡所有不好的東
西，這點非常困難。」她大笑著承認。

　　當我和這三位迷人聰慧又有型的女性聊天時，我突然
發現她們共同的特點，就是她們為各自的打扮方式注入的
joie de vivre（愉悅生活）。她們利用服裝為自己強力發聲，
同時，她們的打扮風格卻又截然不同，或許這就是我們必
須接受的祕訣：風格由我們自己創造。真的就是我們各自
為衣櫥注入的難以言喻，即使無法具體形容，但是只要看
到就能一眼認出。

　　檢視法國女人的風格時，還有一件萬萬不可忽略的

事，那就是她深信「從眾」就是自己的敵人。她絕對不會幻想著打入或是成為某個特定流行族群的一員。她反而會努力強調自己的獨特性。從眾令人感到厭惡。不管法國女人的服裝有多樸素，而且她們絕大多數都喜歡簡約的單品，無論是牛仔褲還是穿了二十年的黑色小洋裝，她都會在整體造型中加入個人風格。

法國女人很少搭上 IT 潮流專車，即使跟隨潮流，也絕對不是出於「跟風」，而是因為喜歡的東西正好是當季的熱門單品。然而，她還是有辦法讓新包包、新鞋，或新外套自然融入自己的穿搭風格。

「潮流只比庸俗好一點點。」
——卡爾·拉格斐

如同本書中的所有主題，我問瑪蒂德，在她廣大的衣櫥中——她很不好意思地承認，一定會在衣櫥中為自己超過四百雙的鞋子收藏保留空間——哪些東西是無可或缺的。

最近一次看見她時，她穿著飄逸的黑色及膝莫塞琳絲質洋裝，搭配鞋跟高的要命的黑色涼鞋（她不只能夠穿著超高跟鞋優雅地行走，還能追趕計程車呢），閃亮的吊燈耳環，還有一只大戒指，或許是出自她的姊姊——薇克朵亞·卡斯特蘭（Victoire de Castellane）之手，後者是迪奧的高級珠寶設計師。

她的回答讓我感到有些不知所云——因為她解釋的方式，不過從整體打扮的概念來看，就會發現她的訊息其實

很清楚：

- ❀「如果過度精心打扮，就會看起來不自然。」
- ❀「心態必須優雅，才能散發風格和優雅。」
- ❀「最重要的是穿得很自在；如果不自在，旁人會看出來。」
- ❀「過了某個年紀，就要避免極端。例如我們喜歡某個顏色，也許過了某個年紀，那個顏色會顯得太鮮豔。但是仍舊可以在同色系中找到適合自己的明暗濃淡。」
- ❀「極端也適用於裙長、領口大小、妝容濃淡、配件多寡。」
- ❀「有時候我想要穿的風騷一點，但是並不會露出大面積的肌膚。或許重點還是放在態度吧。」
- ❀「注意單品的細節精緻度。」
- ❀「儀態、儀態、儀態……沒有漂亮的儀態，哪來的風格呢？」
- ❀「少永遠是多：完美合身的長褲或牛仔褲，合身上衣搭配毛衣，平底鞋，好看的髮型，略施脂粉。就是這麼簡單！」
- ❀「還是要為特殊場合花心思打扮一下。」

　　現在來看她為精簡衣櫥選出的單品，對她來說並不容易呢：

1. 迪奧灰色膝上大衣
2. 日夜皆可穿著的黑白千鳥格短外套
3. Azzedine Alaïa 桃紅色洋裝和成套開襟針織衫
4. 幾件 Prada 印花洋裝
5. Tom ford 為聖羅蘭設計的煙裝，已擁有超過二十年。「有時候我會內搭 T 恤，有時候搭配襯衫。」
6. Seafarer 7 和 Levi's 501 牛仔褲
7. 各種針織衣物──「我超愛喀什米爾和羊毛的！」
8. 當然要有一件黑色小洋裝
9. 一大堆羊毛內搭褲
10. 一大堆帕什瑪圍巾和絲巾
11. 幾只晚宴包
12. 各種鞋子和靴子

　　瑪蒂德坦言，她實在和自己的衣服和配件難分難捨。「我真的好愛我的衣服喔！」她說：「而且許多單品令我想起特別的時刻，因此要說再見真的太困難了。」

從理想到現實

　　請不要認為出自這些身處時尚世界的時髦女人的觀察和建言太過複雜，或太抽象太昂貴，完全不是這麼回事。相信我。

瑪蒂德提到 Prada 印花洋裝時，你要想：噢，也許我可以去找找印花洋裝，上二手店看看，或許是個很不錯的改變呢。黑白人字紋或千鳥格紋外套也許在男裝或男童裝部門可以找到——兩者都比女裝部門便宜多了。然後，如果不太合身，可以把新外套拿去修改。也許你會想要更合身一點。最重要的細節是肩線的合身度——如果肩線不合，就不要買那件外套。

當卡蜜談到她喜歡 T 恤搭配大胸針時，你可以偷師這個點子。芭貝特以白色無領襯衫為三個世代打造造型時，快看看你是否也有一件。我就是試著這麼做。我沒有無領襯衫，因此當她提到無領襯衫時，我滿腦子想的都是襯衫外搭一件 V 領毛衣，捲起袖口露出襯衫，搭配項鍊和絲巾。現在我想到男裝部門，大約十五年前，我就是在那裡找到一件美的不得了的摺襟翼形領煙裝襯衫

瑪麗－路易絲提到那件莫塞琳上衣有多美的時候，看看你是否能找到一件更適合自己日常穿用的類似品項。或者試試她提到的黑色絲絨西裝外套，有翻領細節的那件。這些全都是可以善加利用的建議。

伊內絲說深藍圓領毛衣能為任何衣櫥增添「快樂」氣息，購物時別忘了她說的話。（我已經有兩件：一件又大又長，另一件長度及腰版型合身，兩件都很常穿。）

我的重點是，點子俯拾皆是，即使這些女人實際上都能買到某些全世界最美麗的單品，但她們本人才是催化劑，以各自無法模仿的方式，賦予這些衣物生命力。你也成為自己的催化劑吧！

許多許多年前,當時我為雜誌撰寫一篇關於法式生活藝術的文章,因此採訪了巴黎裝飾藝術美術館(Musée des Arts Décoratifs)的館長,他非常溫文風趣。我帶著一串問題抵達,一如往常,訪談順利時,對話總是會偏離主題。我永遠不會忘記他告訴我關於欣賞美和優雅的故事之一。

我概要轉述重點:他說,身處在美麗的環境中,能夠潛移默化眼光和心智,使人能夠認得美。他引用法國國王和宮廷,與當時正快速崛起的工匠和藝術家布爾喬亞階級之間的關係,以及兩者合作下的美妙結果。

他強調,我們能夠學習成為懂得辨別與欣賞美好事物的行家,並且積極而非被動地觀察。「去美術館,學習色彩,觀察這些精細複雜的高級工藝,讓自己學會如何辨別品質。」當時他這樣告訴我。

說到這裡,我發覺我看起來似乎有點偏離主題,不過事實上並非如此。我藉由他的深刻解說,試著闡明我們正在談論的風格與優雅的抽象概念。

「時尚並不是只存在於服裝裡的東西。時尚在天空中,在街道上,時尚和想法有關,和我們的生活方式有關,也和當下發生的一切有關。」可可·香奈兒曾經這麼說道。

在設計師的報導中,多少次我們讀到或聽到設計師說,他們的靈感來自觀察街上的女人,或是花好幾個小時在美術館閒逛?

這些我們也能做到。我最喜歡的娛樂之一,就是坐在巴黎街頭的咖啡店,看著形形色色的人們經過。即使在街

上看到的造型未必適合自己，我仍欣賞各個年齡的有型女人，她們大膽或雅緻的創造力，以及從容自信的模樣。

我多年來身為時尚圈內人——從外面往裡瞧，很久以前就發現自己的個性撐不起超誇張服飾需要的大膽無畏。但是同時，我又好愛觀察這些熟知如何讓服裝千變萬化、把穿衣當成表演的女人。有何不可呢？如果她們因此很開心，而且把好心情帶給我們，那我也會滿心 *Merci*——謝謝你今天為我帶來笑容。

一位有名的彩妝師曾在上一本書的訪談中告訴我，法國女人喜歡有觀眾。「她們喜歡被看、被欣賞豔羨。」他說：「對於扮演被觀看的角色，她們感到無比自在。」換句話說：她們很在乎其他人的想法，為觀者提供免費娛樂，即使打扮完全是出於個人理由，她們還是希望呈現出自己最美的一面。

你的制服

雖然制服或許帶有一點負面意思，我仍然有制服，而且制服讓我自由。如果我的穿搭偏離制服太多，多半會感覺十分忸怩不自在。

我的基本色是黑色和深藍色。只要是這些顏色，每一件制服的組成多半很雷同：Equipment 水洗絲襯衫、Eric Bompard 毛衣、Uniqlo T 恤（因為它們的衣長和袖子都夠長——對我來說真是太難得了）、Land's End 高腰

The Challenge
服裝挑戰

就當做我們的風格尚未臻至完美，或決定重新檢視自己的形象，還是讓形象煥然一新，隨便什麼理由都可以。可以是因為新工作、退休、一場重要的生日聚會、體重改變，或是生命中有了重大變化，令我們想要來點新的、不一樣的。也許我們決定是時候改造一番，而且想要以打扮為樂。也許我們擁有的東西太多，反而掩蓋了我們想要傳達的訊息與看待自己的方式。

例如，我現在有 85-90% 的時間住在鄉下，生活方式與以往截然不同。對自己大部分的衣服，我會稱之為「典雅鄉村風」，意思就是這些衣服到巴黎吃頓午餐和會面也能撐得住場面。

所以，該如何思考我們已經有的，我們需要的，我們不需要的，以及我們想要的呢？就稱之為「服裝挑戰」吧。我會問一些困難的問題，你要做答，最後就會很清楚知道哪些該保留、哪些該拋棄。

1) 以三到五個關鍵字定義你的生活方式。

____

2) 你的衣服適合這樣的生活方式嗎？

____

3) 你的生活方式很多變嗎？像是工作、休閒、旅行、正式？或者主要落在其中一到兩個類型中？那是哪些類型？

____

4) 你擁有工作時需要的衣服，而且穿起來感覺很自在嗎？

5) 你的衣服合身嗎？

6) 如果合身，款式適合你的身型嗎？

7) 你的衣服是否太多？

8) 以三到五個關鍵字形容你的個性。

9) 你的衣櫥是否反映你的個性？

10) 你有制服嗎？制服是否讓你覺得有點墨守成規？

11) 你喜歡什麼樣的衣服？購物時是否會花時間觀察自己受哪種類型的衣服吸引？

12) 你是否需要改變一部分自己喜歡的衣物，使其更符合你的需求，並且讓身型顯得更美好？

13) 哪些衣服是你一穿再穿的？為什麼？

14) 你選擇穿著同樣的衣物，是出於舒適、他人的讚美，還是習慣？

無摺長褲、我在各處都可能採購的短外套，還有香奈兒、聖羅蘭、Max Mara、Land's End 與 Halsbrook 的 大 衣，Compagnie Française de l'Orient et de la Chine 的緞面和皺綢晚裝長褲，以及卡爾·拉格斐時期的 Chloé 莫塞琳絲質上衣。我的高跟鞋已經退休，現在只穿芭蕾平底鞋、莫卡辛鞋和涼鞋。

（如果你到巴黎，我強烈推薦造訪 Compagnie Française，尤其如果你認為衣櫥裡少一條簡單俐落的緞面或皺綢長褲，各種顏色應有盡有。我的緞面長褲有寶石紅、酒紅、黑色、奶油色，皺綢長褲則是灰色和藍色。我說過我也可以很誇張的！）

寫到這個章節時，我發現自己的購物習慣，通常是更新基本款或是加入配件，包括大絲巾和芭蕾平底鞋，數量多到我不好意思說了。（幾個月前，我買了一雙新的金色芭蕾平底鞋，因為上一雙已經磨到連我那手藝高超的修鞋匠都無計可施，他看到這雙鞋的時候直接翻了個白眼。）偶爾我會買新毛衣或上衣，兩者我都視為配件，若要說還有什麼是我無法抗拒的，那就是大衣。

由於我的制服顏色與造型都非常基本，大衣就成了我比較勇於大膽選擇色彩的單品。我超愛那件已經擁有三十五年的聖羅蘭法國藍雙排扣大衣，裡面搭配深藍色或黑色都很好看，特別是在陰沉灰暗的冬日。目前我正在考慮找一件黑色或灰色的法蘭絨鉛筆裙（很不幸地，我現有的那件並不合身），只要搭配不透明褲襪我就能出門赴任了。

迎戰衣櫥

　　既然我們已經接受「挑戰」，那麼，是時候面對衣櫥了。書寫這本書，令我重新審慎思考，為我的衣櫥做出決定。不，我無意改變我的制服，不過正計劃清理我的衣櫥，與「曾經共享美好時光」的衣物分手，淘汰單品，只保留我的基本款。現在真的是時候該這麼做了，因為我或多或少幾乎每天都穿著相同的衣服。

　　如果你想要加入我，以下是我的偉大計畫，還有幾條主要規則：

1) 清楚、堅決而且明確地集中那些我一穿再穿的衣服。它們就是賦予我從容和自信的單品。我會挑出十五到二十件左右，以免數量過多。

2) 在我進一步對衣櫥動手之前，我會重複前一個步驟，檢視其他我經常穿著的單品，並繼續嘗試混搭練習。那些風光不再的單品要挑出來，需要修改的衣物則送到我的裁縫師絲妮狄女士那兒。保留下來的衣物就放回衣櫥。

3) 接下來要淘汰的是那些符合我的整體制服標準，但不知為何從未穿過——難道它們掉進無底洞了嗎？究竟為什麼？

4) 上一個步驟的衣服會經過試穿，如果通過試穿考驗，就會加入我的基本款陣容，接著還要經過三到六個月的試用期，看看我是否會穿它們。如果

沒穿到，那就得狠下心腸割捨了。

5) 那些我不再穿的衣服——我就實話實說吧——很多年前就已經不再合身。要割捨它們並不容易。也許這就是身體形象「要過自己這一關」的關鍵時刻，我必須承認「我再也不可能穿進那個尺寸了；認清事實吧。」

6) 我的生活改變了，再也穿不到正式晚裝。我已經很久沒收到巴黎的派對邀請函。因此，我應該要和派對洋裝說再見，我心愛的 Valentino 晚禮服都已經掛在防塵袋裡，超過十年沒穿。如果天外飛來一張邀請函，我還有皺綢、綢緞和絲絨長褲，還有能搭配的上衣與外套可穿。和友人在鄉下或巴黎吃頓晚餐，需要打扮漂亮的話，我倒不愁沒衣服穿。

7) 我的衣櫥中最後一個類型：失心瘋。那些都是離譜的失誤，荒謬的衝動購物，下場就是一次也沒穿過。它們不屬於「也許」類別，也完全不值得試用期。丟出去的時候，我還嘆了一口氣：「當時到底在想什麼呀？」

膠囊衣櫥

成功淘汰衣櫥中不必要衣物的關鍵，在於找出屬於你的膠囊衣櫥。膠囊衣櫥又是什麼？這是一系列不退流行的

基本款服裝單品——基本上是經典款（也
許會有一、兩件特別的款式，可以逃過基
本款的定義），包括經得起時間考驗的長
褲、裙子、大衣和外套，而且也能和每一
季的流行單品互相搭配和擴充。完美的膠
囊衣櫥內容，包含精挑細選的服裝和配
件，適合我們的生活方式、身型、形象（風格），理想的
話，所有單品都能互相搭配。這套理論背後的宏大計畫就
是「少即是多」，因為我們已經清楚定義出哪些單品最符
合我們的標準。

　　不過我猜你已經知道膠囊衣櫥的定義了。膠囊衣櫥
已經風行好一陣子，這是不花心思的打扮方程式，讓你理
解如何以最少量、且又能反映我們的個性與生活方式的服
裝，輕鬆穿出風格。膠囊衣櫥就是將這項法則融入日常生
活，或許有點困難。相信我，我知道它的困難之處。

　　膠囊衣櫥是應用在衣櫥中最有智慧的手法。我很喜歡
這個理論純粹的概念，但是我也明白必須保持彈性。每個
人都不一樣，居住地從毫無季節變化到四季分明的各種地
區皆有，因此我們也各有不同的需求。即便一直居住在四
季分明的地區，我的衣櫥依然為季節轉換做好準備。我的
衣櫥基本上沒有春天和冬天，比較像是分成春夏還有秋冬
的概念，再視狀況增減。

　　我相信每個人對膠囊衣櫥的假設都不盡相同，但是
在定義上，膠囊衣櫥需要一些基本款，還有聰明的規則。
膠囊衣櫥每季需要三十到四十件，意即春夏和秋冬兩季

的衣物，配件不算，但是要算進大衣。以我的衣櫥為例，春夏約為四十件單品，秋冬四十件單品。我沒算進 T 恤和毛衣，這也許算作弊吧，因為我認為這類衣服算是「配件」。不過我通常會算進襯衫和上衣。

要讓這個概念可行，就必須建立紮實的基本款基礎，包括色彩。法國女人深知，迷人的風格是建立在單一色系上：如黑、灰、深藍色或駝色，都能展現真正的優雅。

繼續膠囊衣櫥的主題，每季可以加入新的單品，但不必精確計算新品數目。或許某幾年你會找到五件難以抗拒的單品，另一年可能是十件（或一件）──只有你才知道自己需要和想要什麼。我會研究我的參考資料（前面提過的雜誌和網站），好好檢視哪些衣物需要汰舊換新（我希望不要，但 T 恤總是例外），哪些需要修補和乾洗，然後捫心自問其中是不是有些好物、只是之前我沒概念如何利用它們為自己增添**難以言喻**的魅力。

我還在工作時，通常每季都會買一、兩件新東西，因為那些日子，我總是想要表現得「很入時」、非常在乎時尚的樣子。例如，我買過酒紅色毛呢裙套裝，那是我現在絕對不可能買的，只因為酒紅色當年正流行。它們仍掛在我的衣櫃裡，可憐的小傢伙。裙子我已經穿了很多年，或許我也該試試外套了。

我們都聽過這句建言：「如果見到喜歡的就買下吧。」對也不對。經驗讓我學到，衝動和深思熟慮的決定之間的差異。兩者我都有過。現在我會應用「二十四到四十八小時法則」。先睡一覺。如果那樣東西讓我輾轉難眠，通常

我不會後悔撒下大把銀子。

　　大型百貨公司和某些店家會有專業人士，幫助顧客挑選最適合其身材和風格的衣物。如果你在巴黎，拉法葉百貨（Galeries Lafayette）、春天百貨（Printemps）或樂蓬馬歇（Le Bon Marché）百貨都有專人提供預約服務。我試過，而且非常值得。他們不僅會提供服裝想法，也會挑選配件，打造個人化的整體風格。

　　列舉清單我最喜歡的事情。包包裡永遠帶著 Moleskine 小筆記本，裡面寫滿衣櫥中的基本款，一部分是寫秋冬單品，另一部分則是春夏單品。每一件服裝單品旁邊，我會寫上數量，例如：黑色長褲，六件；亞麻長褲，三件；黑色絲絨外套，一件；深藍西裝外套，兩件；黑色裙子，一件……等。看到想要買的單品時，我就會立刻翻開筆記本，看看這件單品是否符合標準，能與我已經擁有的單品互相搭配多次。如果不行，那麼這件單品是否美到值得我破例一次呢？

　　我實在沒辦法告訴你，開始記錄已經擁有的衣物之前，我重複買過多少次同樣的東西。我合理化自己的重複購買，使之成為真正理解自我風格的證明，說起來也有點可悲。現在，清單讓我知道購物時必須發揮創意，以及控制預算。

　　芭貝特在手機上記錄每一件她為自己的店購入的商品，包括她的個人衣櫥。她應用類似的方式，檢視自己的衣櫥或店鋪是否缺少某些單品。

　　許多有型的法國女人都告訴我，她們在打扮的時候從

來不會先想好要穿什麼，而是站在衣櫥前等著靈感降臨。瑪莉莎・貝倫森（Marisa Berenson）告訴我她就是這麼做，並說她完全不懂為何要事先計劃服裝，除了需要盛裝出席的晚宴。

我懂，但是有時候站在衣櫥前反而徒增壓力和不確定感，而非帶來平靜與靈感。出於這個原因，在那些不知道該穿什麼的日子裡，我認為最好擁有幾套抓了就穿的服裝。（不需要告訴所有人）

有些女人喜歡藉助情緒或靈感板打造她們的整體穿搭，但是我發現，想要意想不到的服裝和配件組合，最有創意的方式是玩 Polyvore。或許你知道，Polyvore 是商業社群網站，可以讓你在上面打造自己的靈感板或「服裝圖組」，圖片組合內容從流行、美妝到室內設計。（編注：2018 年已被併購關站）

如果你對這個概念很陌生，可以上 polyvore.com 網站註冊，開始為已經擁有的單品打造全新組合。你會發現相似的單品，然後從數以千計的配件、服裝單品和彩妝中選擇，創造出全新造型。透過這個方式，你也可能會因此發現衣櫥裡少了什麼。許多時尚網站都經過設定，允許用戶直接點選喜愛的單品，傳送到你的 Polyvore 帳號。除此之外，你也可以自行拍攝衣櫥中或購物時看到的衣物，然後上傳到自己的帳號——就像給大人玩的紙娃娃。

最後，你將非常清楚自己希望在現有的衣櫥中加入哪些東西，例如粉紅色大衣、變形蟲花紋披肩、金色鞋子、取代經典圓領的 V 領開襟針織衫、最新流行的紅色調指甲

油，以此類推。真的非常好玩。

無需終身相許的服飾

我與 ElssCollection 的創辦人帕絲卡‧嘉斯（Pascale Guasp）見面時，學到一個關於穿搭的絕佳方式。ElssCollection 是會員制或「一日店」，可以為特殊場合、時尚晚宴、重要商務會議、婚禮，或是「有何不可？」的心血來潮租借設計師服裝。

帕絲卡利用她二十年的諮詢經驗，在巴黎漂亮的第八區開了一間店，女性可以進去閒逛，不用斥資上千歐元，就能帶著昂貴的設計師華服離開。

我知道，租借服裝並不是什麼新概念，但是這個想法與能夠將此想法帶入生活的方式，首度讓我的夢想成真。

某天我和朋友卡珊德拉在巴黎見面喝茶時，她穿了一件豹紋迷你裙。她以黑色翻高領毛衣、黑色不透膚褲襪和黑色高跟靴子完成整體造型。我告訴她，我覺得她的新裙子很好看，結果她坦言租借裙子四天。「你知道，」她說：「這不是每天能穿的單品，只要穿過大家就會記得，所以我不想花錢買。」

這個概念吸引我的部分正是這個。無法融入絕大多數謹守購物預算女性的衣櫥，但是視覺效果如此令人難忘的衣服可以用租的。我建議帕絲卡為她的店採購時，或許可以把重點放在吸睛型的服裝，因為那是女性未必會花錢購

買，但又希望藉之創造搶眼效果的單品。

「不，絕對不會。」她說：「法國女人總是很低調。她們最怕的就是過度裝扮。法國女人想要的，是可以從辦公室穿到晚餐或晚間商務會議的洋裝。漂亮的設計師經典款非常昂貴，是我每季購入的主要單品，但是總會有些不同之處。一定會有獨特的細節巧思，令這些服裝與眾不同，這就是它們昂貴的原因。材質和做工都非常精美。」她說。

帕絲卡認為租借服裝是新的消費型態。「這就是買的更少、擁有更多的方式。」她解釋：「這種模式也呼應了消費主義的變化。女人感覺負擔沒有這麼重，而且如果她們真的愛上一件單品，也可以買下來。」

她發現女性經常受印花吸引，但是又很容易厭倦，因此找不到買下印花單品的理由。「我發現一件事，」她說：「那就是沒有任何人想穿黃色的衣服。我買了幾件漂亮的黃色單品，但是從來沒有租出去過。」

她最新的提案是「空行李箱」計畫。一天只要 99 歐元，不僅讓你吃得像巴黎人，更讓你穿個像個巴黎人，是一場完完全全的巴黎巡禮體驗。除了幾件基本款，你可以帶著幾乎全空的行李箱抵達，然後每天選擇兩件任何場合的單品。想像你穿著超過購買預算的設計師品牌服裝，在金碧輝煌的高級餐廳吃晚餐。更棒的是，你還可以穿著心愛的衣服自拍，想要上傳到哪裡都可以。

你，就是風格

衣服如何說明我們是什麼樣的人，這個想法在我的腦海中揮之不去。尚・考克多（Jean Cocteau）是作家、設計師、藝術家、大文豪普魯斯特的好友，也是最具權威的法蘭西學院成員，正如他所說的，「風格就是以簡單的方式說明複雜的事物。」這豈不是大好機會？

經過聰明選擇的衣櫥——結合個人專屬的小小放縱，如足部和手部保養，漂亮又不過分華麗的內衣，以及，*bien sûr*（當然），讓全世界都明白我們多麼在乎自己的香水。如同伊內絲的解釋：「打扮的用意從來不是彰顯財力，而是要穿出自在，在誘惑他人之前先誘惑自己。」當我問她如何定義許多法國女人擁有的、獨一無二的特質，她告訴我：「法式風格就是混搭各種風格，舊與新、經典與搖滾、民族風與時髦、隨性與奢華。」

擁有個人風格的不二門道，就是擷取我們喜歡的事物，將之轉化為表達自我獨一無二的方式。以基本款（記住，每個人對基本款的定義都不一樣，我的西裝外套可能是你的針織短外套，你的皮衣外套可能是我的雙排扣大衣）打造的膠囊衣櫥，正等著你滿心歡喜地將之轉化為只屬於你的服裝故事。

後記
Epilogue

　　本書的許多訪談中，每個與談者皆毫無例外地均以相同的方式定義生活的藝術：哲學性的，歷史性的，也是日常的美好生活方式，同時混合感官的，感性的，延續傳統、儀式與教養，讓每一天幸福又滿足。

　　解釋起來一點也不複雜：如同我這些年來的發現，執行反倒更困難一些。在日常細節上多花心思，並結合有時候必須努力才能保持的紀律，在我的定義中

　　正是 *l'art de vivre* 的祕訣，並衍生出美好生活。

　　多年前，我的女兒安德蕾雅十八歲的時候，我們舉家搬到法國，當時我們有三隻大狗，因此不可能住在巴黎。我在巴黎西邊找到一間茅草屋頂的小房子，帶有圍籬的花園中住著一匹不討喜的小馬和一匹駿馬。我們就此展開刺激的 *l'art de vivre à l'a française*。

　　在我居住法國超過三十年漫長多元的經驗中，每當遇到法國人時，尤其是法國熟女，我總會從她們身上學習，

有意識地將我認為最好的部分應用在個人生活中。我學會放慢腳步,細細品味堅持進行儀式和例行公事的樂趣,而那些都是我的朋友和熟識友人的日常習慣。多虧她們,讓我有機會夠成為「圈內人」,觀察與吸納我移居國家的每日生活細節,感覺自己的生活更豐富滿足也更快樂。

我從敬佩欣賞的朋友和熟人身上得到的觀察和經驗,審慎選擇能夠實際應用在日常生活中的戒律。靈感來自四面八方,對我沒有吸引力或不適用的規則,我就放棄。

我說我的清單是由最頂尖的事物構成,意思是六月的櫻桃,三月的蘆筍,春季花園裡的紫丁香,十二月(從花店買來的)陸蓮花,和朋友的簡單晚餐與熱烈交談,新嘗試的酒款,又發現一款意外美味的乳酪,在市集上與專家們培養關係(羅倫為我們精選每週最好的魚還有料理方式,荷諾為我們挑選最新鮮的朝鮮薊,方索瓦告訴我現在還不是油桃的季節並建議:「再等兩週」)。為巴黎的雞尾酒會和晚餐精心打扮對心情很有助益,一如品嘗小巧的覆盆子馬卡龍;在鄉間,我家後面的田野帶狗散步,在朗布耶森林收集壁爐生火用的樹枝,試用一款新香水,對我的經典制服保持忠誠,為我的美容儀式花費時間(而且明顯有效),大膽嘗試紅色(!)唇彩,坐在巴黎的露天咖啡座啜飲 *chocolat chaud*(熱巧克力),看著世界來來去去,和女性友人一起看參觀展覽然後共進午餐。

安德蕾雅把許多經驗帶回她的芝加哥生活,包括她烹飪、打扮和理家的方式。(這個嘛,她是處女座的,所以即使從未住過法國也會很有條理。)

　　我四歲的孫女艾拉，飲食習慣就像個法國孩子，她吃很多水果和蔬菜，原味優格，放學後會喝一點牛奶、少許水果和幾片自家製的餅乾當點心，除非特殊場合，否則甜點只有水果，沒有含糖食物。有一天，她瘋狂的想吃兩顆 M&M 巧克力。她媽媽說：「我們就等著看你可以想多久。」

　　毫無疑問的，生活的藝術在於精神層面，認為生活充滿許多可能性，讓每一天都更值得享受，而且在許多方面也會讓生活更美好。有時候，滿足感是可以選擇的。例如，在陰沉的冬日買一把白色或藍色的陸蓮花會讓我滿心歡喜，或是試做一道新的食譜。

　　我從法國女性友人們身上學到好多好多。她們教會我，絕大部分的時候，少即是多，而且學會把少數幾件事做好，把其餘事物拋諸腦後，其實對我們最好。這點包括料理技能、打理家務、裝飾、宴客，當然還有我們的美容和打扮等例行公事。我們的名聲就是建立在對這些事物的選擇上，這一切都會反映出我們的風格和意圖。你可以這樣想：我們就是自己的「品牌」。

　　整體而言，我認為法國女人在生活各方面的細節擁有與生俱來的優雅，或許這就是她們 *je ne sais quoi*（難以言喻）的祕密。從她們打點整體造型到布置餐桌的方式，細節反映出她們的個性。如同前面章節提及，她們喜歡有條有理，原因很單純：這樣讓一切容易許多。如果一切都安排的很漂亮，甚至還有迷人香氣，那簡直錦上添花。

　　有時候我覺得應該強調我的法國親朋好友的另一個特

點：一般來說，法國女人相當節儉。時間和開支才是她們的首要考量。她們會說 *non* 以保護自己寶貴的時間，購買衣物時會自問「這值得嗎？」關於這點我仍在努力學習中。

同時，法國女人對朋友又極為慷慨大方，而且她們對友情的忠誠度深厚堅定。對於小缺點和不好的行為，她們可能會展現極大肚量，至少遠比我寬容多了。

我仍在努力朝各方面進步，除了居家布置。我對這個部分的成果非常滿意。我們在鄉間小屋中，打造了一個溫馨迷人的避風港。至於我的櫥櫃，家居織品都收納得漂漂亮亮，但或許有點太多了；食物櫃可能需要再多思考；我們應該而且一定會更常宴請客人；然後還有我的衣物，必須嚴格篩選一番了。

我的先生常常對我說：「你比法國人還法國。」但是某個朋友又會說：「噢，你超級美國人的。」我想這就是最美好的平衡，再完美不過。

謝詞
Merci

巴黎，我對她一見鍾情。誰不是呢？

早在知道自己會移居法國之前（現在我住在法國的時間已遠遠超過美國），我就因為工作和玩樂定期造訪法國，每一次對這個美好國家的情感和仰慕都更加深厚。在心底深處，我總是感覺或許某天會寫一本書，分享我居住在這個國家的美好經驗。

最後我寫了一份嚴謹的企劃書，寄給總是支持我、事必躬親、關懷備至的經紀人羅倫・蓋利特（Lauren Galit），現在她更成為我的朋友。她向美國 Rizzoli 出版社提案，而讓我美夢成真的 Rizzoli 很喜歡這份企劃，那就是我的第一本書《Forever Chic：那些法國女人天生就懂的事》。

但是我感覺對於永遠活得時髦美麗還有更多更多想說的話，而非常幸運的，Rizzoli 也同意了。我想要更深入探索法式生活的藝術，於是便誕生了這本書。

謝詞

　　我的經驗和觀察教會我如何將 *l'art de vivre* 的概念應用在生活中的每一個小細節，那是讓每一日更美好的高超方式。我知道每個人都可以說一大堆關於這個主題的意見，但是誰能比從小就浸淫在法式生活藝術中的人更了解這個主題呢？

　　為撰寫這本書所做的採訪中，我遇見了最和善風趣、慷慨有趣的人們。

　　最開心的時刻之一，莫過於重新聯絡上法蘭索瓦茲・杜瑪，我和她已經超過二十年沒見面，而且她認識「所有人」並有他們的手機號碼。在她的巴黎辦公室中，我們坐下一起喝茶、吃巧克力，她一邊翻看友人清單，看看哪些人我非見不可。「就說是我要你打給他們的。」她說。我照做了，而且她推薦的人全部都收錄在本書各章節中。

　　凱薩琳・傑絲（Kathleen Jayes）是我最喜歡的人之一，是我在 Rizzoli 的編輯。她的細心聰慧和敏銳成就了本書，就像上一本，而且絕對更精彩。我由衷感謝她，而且這些年來我們也成了朋友，為此我深深感到自己有多麼幸運。

　　對於在部落格上追蹤並鼓勵我的讀者們，對於你們的喜愛和支持，沒有任何言語足夠表達我的謝意。要感謝的對象實在族繁不及備載。

　　另外這份短短的舊朋新友名單對我非常珍貴：Judy、Betty Lou、Sharon、Marsi、Lesley、Mary Carol、Annette（兩位皆是）、Susan、Cassandra，還有我可愛的女婿 Will Fletcher，他是我永遠的啦啦隊。

Merci mille fois，各位閱讀本書的讀者。希望你們閱讀時就像我的書寫過程那般愉快享受。

當然，沒有我人生的兩大摯愛安德蕾雅和亞歷山德，我就不可能完成任何事情。

禮物
Un Cadeau

營造法式日常的祕方

接下來的內容將提供更多祕訣和有趣的點子，或許你會想要嘗試屬於自己的法式生活藝術。好好享受吧！

拍一張漂亮的相片

在法國的許多家庭裡，都可以看到在巴黎 Harcourt Studio 攝影工作室所拍的肖像照，有如家族傳統的一部分。有些相片效果強烈，美得驚人，有些則溫馨不造作。我先生有一系列經典風格的肖像照，相片中是他和母親、父親與兄弟。對某些家庭而言，這些相片是一生一次的難得經驗。

　　也有一些人，一輩子會有好幾次坐在 Harcourt Studio 的相機前面。這家攝影工作室拍攝肖像要價不菲，因此成為珍貴的傳家寶。

　　Harcourt Studio 位在巴黎十六區一幢美輪美奐的私人公寓中，入口處有一座壯觀的樓梯，最近我在此處花了數小時，採訪攝影工作室的總監卡特琳‧荷娜（Catherine Renard），也參與了一場拍攝。

　　卡特琳將肖像照視為生活藝術的另一種面向。「我們能讓女人永遠美麗。」她說：「這比精神科醫師有效多了。」（我認為也比整形手術好多了。）

　　「我們很清楚工作室的攝影師會成為某個家庭歷史的一部分，我們很重視這一點。我們的工作某方面而言，延續了法國皇室的傳統。在過去，畫家以油彩和畫布捕捉作畫對象的樣貌。布爾喬亞家庭希望和那些貴族一樣，不過是以十九世紀的現代手法留影。我們就是這份傳承的一部分。Harcourt Studio 肖像超越了時間，成為不朽的影像，世世代代流傳下去。」她說。

　　最後那句話我知道是真的，因為每次我問某位認識的人家中是否掛著 Harcourt Studio 肖像，答案總是肯定的。

　　我在場觀看的攝影對象是奧蒂‧艾斯特莫（Aude Extrémo），才華洋溢又美麗的法國次女高音。我坐在一旁看著她上妝，使用的化妝品適合棚內拍攝打光效果。不同於當前攝影潮流偏重反射式打燈，Harcourt Studio 的相片肖像呈現霧面質感且效果極為強烈。

　　以下是我在拍照時學到的幾個小技巧，用以創造永恆

留存的影象：

✤ 快門第一次按下之前，先閉上雙眼，轉動眼球，
然後深呼吸。

✤ 伸長脖子，頭稍微抬高，可幫助塑造頸部和下巴
的線條。

✤ 每次按快門之間，低下頭後再慢慢抬起，可避免
緊繃僵硬的模樣。

✤ 一連串拍攝後，休息片刻，用力張大嘴巴伸出舌
頭，呼吸，聳起肩膀然後放下。

✤ 想想會讓你微笑的回憶。「如此眼中就會閃現
amour，」卡特琳說：「而且相片上看得出來。」

自製乾燥香花

對我而言，即使 *potpourri* 的翻譯是把腐爛的材料丟進
鍋子裡，「枯萎」的材料散發的浪漫香氣仍讓我心醉神
迷。我決定就這麼一次，自己製作乾燥香花，這樣我就能
說我做過了。以下是我的作法，有興趣不妨試試。

1. 以下材料各需要 1 杯：

✤ 玫瑰、薰衣草、紫羅蘭、紫丁香和鈴蘭的花瓣和
花苞。我的建議是，至少混合三種花材 —— 喜歡
挑戰和刺激的話就多一些種類，想要一步步慢慢

來的人可減少一些。

- 帶香氣的葉片：馬鞭草、柑橘葉、檸檬馬鞭草、尤加利葉

- 香草植物：薄荷和月桂葉和迷迭香

- 辛香料：丁香、肉桂棒、還有漂亮的粉紅胡椒以增添色彩

- 柑橘類（可有可無）：我會依照心情，使用切細絲的葡萄柚、柳橙、檸檬、青檸、小橘子和香柑，或者混合上述其中幾種。

- 精油：我喜歡柑橘類精油的清爽氣息，不過或許你會喜歡青草調、花香調（例如經典的薰衣草），或是辛香料精油，當然，你也可以混合以上精油。先從四、五滴開始慢慢加，輕輕混合以免弄破花瓣和葉片。開始加入一、兩滴你喜歡的精油，慢慢調出最喜歡的組合。你就是自己的調香師。

2. 風乾材料：香草植物和鮮花可放在鋪有烘焙紙的烤盤上，放入烤箱以95°C烘乾至少兩小時，或使用微波爐。完成後的花瓣和葉片觸感薄脆；若尚未達到薄脆程度，可繼續「烘烤」，每次約十分鐘取出檢視，直到完成。

　　使用微波爐（我的作法）的話，將花瓣、葉片和花苞放入鋪有廚房紙巾的大碗。以高溫微波兩分鐘後，取出查看花瓣是否呈「脆」感。若尚

未達到此觸感，繼續微波三十秒後取出檢視，重複此步驟直到完成。

柑橘類的處理較繁複：烤盤鋪烘焙紙，放上柑橘絲，烤箱門保持微開，以 140°C 烘烤一小時。靜置冷卻。

3. 在大玻璃碗中放入辛香料與冷卻的所有材料，輕輕混合。我讓我的材料「睡」一晚至隔天。我也發現自己下手太重，所有的材料都放太多了，因此靜置至隔天，才能公正地判斷香氣。如果你希望香氣更強烈，可以多加幾滴精油。

注意：若想「修正」或使乾燥香花的氣味穩定，部分法國配方建議加入切碎的鳶尾根。經過一番辛苦的搜尋與研究，我發現用量約為四大尖匙。鳶尾根可為整體增添淡淡的迷人紫羅蘭香調。

由於乾燥香花的香氣會逐漸淡去，可調配 20 滴精油和 1 大匙水製成噴霧，噴灑在乾燥香花上恢復香氣（也可直接使用乾燥香花專用油）。讓乾燥香花從手指落下，輕輕混合。

LES JOIES DU VIN（葡萄酒之樂）

葡萄酒是生活藝術——更是生活樂趣——不可或缺的

一部分，我忍不住想與你們分享一些撰寫本書時學到的法文關鍵字、定義和趣事。

葡萄酒釀造關鍵字

Alcool：酒精是酵母在發酵過程中，轉化葡萄汁時的糖分的衍生物

Ampélographie：關於辨認與分類 *cépage*（品種）的科學領域

A.O.C.：Appellation d'Origine Contrôlée，法定產區命名，依照法國法規，描述葡萄酒的原產地與釀造方式。

Appellation：酒款的葡萄種植原產地

Blanc de Blancs：白中白，只以白葡萄釀造的白酒，主要用於香檳分類，品種是夏多內。

Cépage：葡萄品種

Cru Classé：波爾多酒莊生產的佳釀分級

Élevage：葡萄酒在發酵後與裝瓶前的「成熟」或「培養」過程

Fermentation：葡萄中的糖與酵母交互作用後，轉化為酒精的過程

Fût：葡萄酒陳放時使用的橡木桶。

Millésime：釀酒葡萄的收成年分

Mousseux：氣泡酒

Moût：榨汁後未發酵的葡萄汁

Oenologie：葡萄酒釀造學

Oenophile：愛酒人士，或許也是研究葡萄酒的人

Raisin du Cuve：釀酒葡萄

Raisin de Table：食用葡萄

Terroir：混合了土壤、氣候、葡萄品種和釀酒師的 *savoir-faire*，即風土。

Vendanges：採收葡萄

Vin de Cépage：以單一葡萄品種釀造的酒款，品種如夏多內、卡本內蘇維濃、黑皮諾、麗絲玲，或梅洛。

Vinification：葡萄汁經發酵變成葡萄酒的轉變過程。

Vin Nouveau：當年分的第一批葡萄酒，必須立即飲用；例如薄酒萊新酒，採收數週後內就可以喝了。

品飲關鍵字

Ample：整體表現均衡的葡萄酒，口感飽滿，留下怡人綿長的味道。

Boisé：葡萄酒在木桶中陳放時發展出的木桶味（boisé 意思是木頭的）；可能會帶有咖啡、巧克力或香莢蘭的氣息。

Bouquet：優質葡萄酒隨著時間，成熟後發展出的第三層香氣。

Chaleureux：酒精濃度較高的酒款，入口會有溫熱的印象。

Corpulent：強勁、風味厚實的紅酒。

Décantation：葡萄酒從原裝瓶倒入專用酒瓶中以去除

dépôt，即沉澱物，同時也能醒酒，讓葡萄酒散發香氣。

Effervescent：有氣泡的葡萄酒

Elégant：平衡絕佳，又不過度強勁的葡萄酒。

Epicé：「辛香料」香氣，如胡椒或菸草，可能來自桶陳，或是特定釀酒葡萄品種的原始香氣。

Equilibre：平衡度佳，果香、酒精濃度、酸度和單寧皆均衡協調。

Féminin：用來表示細緻優雅的酒款

Fin：怡人、酒體輕盈的纖細酒款，入口後感覺較「溫和」。

Finale：留在味蕾上的最後印象，葡萄酒的「尾韻」；風味越綿長悠久，表示該酒款越好。

Harmonieux：葡萄酒各方面的平衡和協調度

Intense：香氣濃郁集中，色澤鮮明的酒款。

Larmes：搖杯後杯壁上的油滑痕跡（直譯為「酒淚」），表示該酒款可能口感滑順，也多少表現其酒精濃度、糖度和甘油含量。

Longueur：在口中留下綿長悠遠的風味，通常代表高品質。

Moelleux：甜型葡萄酒

Opulent：豐盈、骨幹強健的葡萄酒。

Parfumé：某些香氣型葡萄酒散發的花香感

Puissant：強勁、風味厚實的葡萄酒，香氣濃郁，通常酒精濃度高。

Riche：深沉、酒體飽滿、層次豐富的葡萄酒。

Rond：柔滑、均衡度佳的葡萄酒，入口後予人「圓滑」的印象。

Sage：「正確」、均衡的酒款，不特別造作或強勁。

Suave：易飲、平衡、協調的葡萄酒。

Vert：「青澀」的年輕酒款，需要陳放更多時間

Viril：粗獷強勁，風味飽滿的葡萄酒。

　　不僅如此，我認為這些也是聊天的絕佳話題。如同我們所知，熱烈的對談——有佳釀相伴更理想——就是美好生活中最令人享受的時光。

保養你的喀什米爾

　　我對喀什米爾非常狂熱，擁有的圓領毛衣、開襟針織衫、V 領上衣和高領毛衣的數量多到不敢承認（還沒算進超大尺寸的喀什米爾圍巾呢！用來讓我的日常制服更時尚有趣）。最近我又買了一件黑色喀什米爾的「西裝式」外套，還有拉鍊的細節設計。

　　最近我也很榮幸能夠採訪艾瑞克・彭帕爾（Eric Bompard），他擁有同名的法國奢華喀什米爾品牌，也是設計師。我請教他該如何保養自己那一大堆數不清的喀什米爾衣物。他的祕訣非常簡單，但是非常有用，能讓喀什米爾常保美麗許多年。

　　「喀什米爾不怕水，應該要經常水洗，」艾瑞克・彭帕爾告訴我：「毛衣穿過兩次、最多三次之後，就應該清洗。我認為『真正的』高級喀什米爾會在女人二十歲時進

入她的人生，有了初次經驗後，就再也無法回頭了。」

除了那些做工細緻的配件，毛衣是可以用洗衣機水洗的，最好裝入洗衣袋，以冷水加入幾滴專用產品（等一下立刻會解釋），搭配柔洗低速脫水模式。喀什米爾一定要細心呵護。清洗時，「絕對不可以」加入衣物柔軟精。

我們都知道如何晾乾喀什米爾毛衣：將毛衣放在專用的曬衣網或毛巾上，小心整理成原來的形狀，並且避免陽光直射。

記住，如果你偏好手洗，絕對不可扭擰衣物。浸濕後，輕輕擠乾，平放晾乾。

水洗之前，可先清理汙漬：在汙點處塗上少許 K2R，並以去專用梳去除毛球。根據艾瑞克・彭帕爾所言，起毛球與否和喀什米爾的價錢毫無關係。「再貴的毛衣多少都會有毛球，如果定期清洗，就會發現毛球減少很多。」他說。精緻的喀什米爾薄圍巾和披肩則應該乾洗。

我想要更多相關資訊，於是找上澳洲好友、同時也是《Vogue Knitting》雜誌總編輯——美麗的特麗莎・瑪爾康（Trisha Malcolm）。我問她，是否如很多人所說，可以用嬰兒洗髮精洗喀什米爾，她直截了當地說：「我不會這麼做。」

她反而說 Eucalan 才是清洗喀什米爾的不二之選，她解釋這是因為洗劑完全天然，而且含有羊毛脂，功能有如嬌貴的喀什米爾纖維「護髮劑」。

「我從小跟 Eucalan 一起長大，一輩子都在用這個產品。」特麗莎說：「Eucalan 的酸鹼值呈中性，有無香味

款，還有五種精油香氣。只需要一點點用量，加上極少量的水，還不需要沖水洗清，因為 Eucalan 可生物分解，也能保護毛衣免遭蛾害。

當然啦，你也可以把毛衣裝進洗衣袋，然後用洗衣機洗，不過我偏好手洗，因為清洗越輕柔，毛衣的壽命也越長。」

現在要來學學如何保護我們昂貴的寶貝衣物。特麗莎和艾瑞克‧彭帕爾皆強調──而且強調數次，除非毛衣乾淨如新，絕對不要收進櫃子存放，否則就會成為衣蛾最溫暖、舒適又美味的家。

毛衣經過清洗，圍巾經過乾洗，確認衣櫥層架和抽屜也都乾乾淨淨，就可以將衣物放進它們的家了，接著放入合適的防蛾劑，如雪松丸，艾瑞克非常推薦，氣味消散後還可滴上雪松精油重新散發氣味。

Bompard 的毛衣皆附上亞麻防塵袋，我會用來存放乾淨的喀什米爾和羊毛衣物。

特麗莎也建議另一個我不知道的祕訣，如果衣蛾或其幼蟲住在我們家，可以殺死牠們──冷凍。「將乾淨濕透的衣物放進塑膠冷凍袋，然後冷凍至少七十二小時，可以殺死衣蛾和蟲卵。取出後平放解凍，晾乾。」她說。

卡瑟琳‧慕勒的季節花束

在春季的第一天，我和卡瑟琳‧慕勒見面，並完成我

們最後一次的採訪。她是手藝精湛出眾的花藝設計師和花藝老師（在第 56 頁有更多關於她花藝教室的資訊）。我從廚房窗戶望向我們的花園，看到覆滿雪的連翹，心中一片哀戚。「噢、噢，」卡瑟琳說：「不用擔心，應該沒事的。」（她說的沒錯。）

　　我們正在討論季節性花束，於是我請她為春季、夏季、秋季及冬季各形容一款花束，外加聖誕晚餐（或是年末假期）餐桌上小巧美麗的花飾。

　　卡瑟琳熱愛她的工作並不令人意外，但比起打造出美麗花束的花材和裝飾元素，她更著迷於大自然，很喜歡在田野剪下麥穗，在森林採摘野花，從庭院的樹木和灌木上摘取枝椏。她以詩意處理季節花束主題，以下就是卡瑟琳心目中的四季：

（春季）

　　「春天時仔細觀察花園，就會發現枝葉都朝向陽光，充滿重生的氣息、生機，還有許許多多表現力。起初，這些植物都不算真正開展，反而比較像是『抵達』，我想要在花束中傳達這個印象。

　　「我喜歡使用櫻花枝、鸚鵡鬱金香、聖誕玫瑰（鐵筷子）、野風信子、小蒼蘭、葡萄風信子，還有深酒紅色的鐵

筷子。這款花束是讚頌漫長冬季之後花園中的蓬勃生機，因此色彩繽紛，充滿歡欣氛圍。混合了淡粉紅、淺橘色、深橘色，還有酒紅色調，香氣清淡，帶植物「青澀」的酸度，清爽又提振精神。

「這款花束較高大，我會放在透明的花瓶中，可以清楚看見水中的花莖和樹枝。我會讓樹枝上的部分花朵浸入水中，水和瓶身效果有如放大鏡。

「切記，鬱金香比較喜歡『被忽略』，意思就是花瓶中保留一至兩吋的水就夠了，不必為每天換水操心。球根植物的水分越少，反而活得越好。」

ÉTÉ

（夏季）

「我的靈感來自夏季時分原野上的麥穗與高高的野草。我喜歡草木被輕柔的夏季微風拂彎，或是直挺向陽光伸長。這個時節正值玫瑰含苞與綻放——有如向我們敞開心房。

「這也是高大豐盈的花束，帶有奢華醉人的香氣。花束由多種玫瑰組成，全都是淡粉色調，以少許樸實的野玫瑰搭配較華麗的品種（我最喜歡的是 Prince Jardinier、Fox Trot、Iceberg、O'Hara， 還 有 Pierre de Ronsard）； 連枝的黑莓、幾株薄荷和帶檸檬香氣的天竺葵葉片，為整體

香氣更添層次；最後加上草本植物 *Panicum virgatum*（柳枝稷）和 *pennisetum*（狼尾草）。

「這個花束大約有三呎高，我會把它放在米灰色的粗陶罐裡，讓所有花材隨意散開。想要的是高雅不失樸實感，所以就讓花草們自行決定姿態吧。記住，花器不可以大過盛裝的花束。玫瑰、薄荷和檸檬氣味混合成令人陶醉無比的香氣。」

關於玫瑰的注意事項：「玫瑰很嬌貴，需要花費許多心思，因此務必每天換水，並且稍微修剪花莖末端。」

AUTOMNE
（秋季）

「隨著白天逐漸變短，花園開始透露憂鬱氣息。綻放中的花朵色素也改變了。不過秋季仍是充滿有趣花束靈感的時節。我喜歡收集轉為芥末、琥珀和酒紅的色調。我想的是「收集」而非「插花」，也就是說，我會隨意抱起一大把自己選擇的素材，不整理直接放入花器。

「秋季時，我喜歡混合栗子枝、*symphorine*（雪果）、連枝橡樹葉、尾穗莧、大理花、繡球花、帚石楠和雪珠花。

「我有許多多年來在跳蚤市場尋得的鄉村風老提籃，可以用來布置這款秋季花束。我會在籃子裡放一個塑膠容器裝水。」

HIVER

（冬季）

　　花園正在白雪下休眠，唯有最「堅忍不拔」的雪花蓮和仙客來仍盛開。冬季的花束，我會把重點放在各式各樣的高脂樹上。這些樹的種類和色彩非常多元，從淺綠、藍色到灰綠色皆有。

　　「我喜歡製作花環，不過並非那種非常工整的造型。我會讓樹枝決定花環的形狀。我試著找出一枝可彎折的粗枝做為基底，然後再以各種不同品種和顏色的松樹構築花圈。如果將所有素材『編織』在一起，整體就會非常穩固，不過也可以使用花藝鐵絲保持素材的位置。然後我會加上小巧的松果和帶點藍色或白色的漿果。如果喜歡鮮明對比，搭配冬青也很可愛。

　　「不過或許有人不想挑戰製作花環。利用帶漿果的裝飾枝條，也可以打造出美麗的冬季或節慶花束。漿果比樹枝乾的話，容易掉落，可使用花藝專用膠固定。這些枝條應該可以維持一到兩個月。（樹枝浸入少量水即可，一週換水一次。）各種松葉的香氣會盈滿整間屋子，可提振精神。

　　「這些粗大的樹枝，我會想放進未擦亮的銀色或青銅大缸，而不是閃亮亮的花器。」

「正值年度節慶時，餐桌上如果有一組擦亮的 *timbales*（銀杯），搭配白色銀蓮花、幾株小松枝或檞寄生，還有白色或銀色的小巧聖誕球，搭配起來一定非常漂亮。」

她的點子很棒吧？

冬天當我無法到院子裡收集鮮花做成花束，也沒到花店或雜貨店時，我會剪下幾枝紅石楠，搭配每年秋季採自花園、自製的乾燥繡球花和薰衣草。我的繡球花和薰衣草非常茁壯茂盛，兩者都會生長到冬季。（現在許多雜貨店都能買到價格合理的鮮花，但是直到幾年前法國都還沒有這種概念。）

我們也有數不清的松果，因為庭院裡有許多棵松樹。松樹枝非常適合生火，也可以用噴漆噴成金色或銀色，裝滿 Revere 銀碗，就是現成的裝飾品啦。

我拒絕使用人造花。我知道有些女性會不同意我的看法，但是我認為花需要揮去灰塵這個概念真是太討厭了。這個年頭，至少在我們家附近的苗圃，都能買到價格適中、種類繁多的蘭花。我有至少一盆、通常會有兩盆，放在客廳和我的書桌上，努力照料之下，它們可以維持好幾個月。這些蘭花就是我在 *faux fleurs*（人造花）之外的選擇，它們可以開好久好久，而且是真花。

法式飲食的祕密

在我見到大名鼎鼎的主廚米歇爾・蓋哈之前，我以為飲食已經沒什麼好談的了。我真是錯得離譜。他證明了打造兼具無上美味、健康、低卡的法式料理不是不可能。

「品嘗和享受就是每一道法式料理的核心。」米歇爾・蓋哈說：「因此我打從心底認為，任何改造飲食習慣的計畫，都不能忽略人們渴望享受食物的事實。如果某種料理或飲食法無法帶給人們樂趣，那就注定會失敗。

「對法國人而言，『吃』是通往愉悅最容易快速的道路。這正是我們感覺身為人類的樂趣。或許你甚至要說，我們視飲食為不可分割的社會權利。但是法國人確實不希望在健康和樂趣之間做抉擇，他們希望一次滿足兩者。」

享受美食是法國人的執念，米歇爾・蓋哈熱衷挑戰和開發，創造出前所未見的料理傑作。「為了達到目的，任何健康飲食法都必須深根於社會習俗中，也就是說，無論是否與他人共食，每一頓飯都必須包含儀式的元素和特別時刻的樂趣。」他補充。

「如果飲食法成了懲罰，那就會適得其反。我希望發展出令人大飽口福的 *cuisine minceur*（瘦身料理）。」他確實辦到了。

《Minceur Essentielle》瘦身食譜書於 1975 年問世，以米歇爾・蓋哈的嚴謹的料理研究和實驗為基礎。這套方法是為那些希望減重，又不要犧牲飲食樂趣的人所創造的，因為這些都違背了厄潔妮草原旅館的蓋哈夫婦美得令人屏

息的溫泉水療中心和旅館。他形容自己的減重法非常「安寧」。確實如此。

我在水療中心度過一整週的密集方案。我的 *régime*（飲食法）計畫包括與溫泉水療中心的主管賽西兒·樂杜洛諮商，她也是水療中心使用的奢華 Sisley 產品系列的美容師（更多資訊請見 147-149 頁）；營養師瑟西兒·吉雍奈（Cécile Guionnet）不僅測量我的體重和體圍，也計算了我的肌肉量、身體水分和體脂肪；還有健身教練格雷格利·巴茲（Grégory Bats），我總是忘記他的名字，因為我拚了老命在跑步機上，驚恐到來不及做筆記。

當大部分的人都在享用美味的「真正」套餐時，我們這些參加瘦身計畫的人有自己的套餐，每日午餐和晚餐是主廚特選，還包含甜點，而且完全不超過應該攝取的熱量。餐後服務人員總會詢問我們是否吃得滿意。只有傻瓜才會不滿意。

一定、一定要用最優質的食材。這是米歇爾·蓋哈強調的首要重點。「簡單就是藝術。」他說：「只要用最好的食材，就不需要、也不會想要複雜的料理。」

以下是法式瘦身料理能夠吃得快樂的幾個祕密武器。此外，我還加上幾道自己實際試做過、在我們家大受歡迎的食譜。用餐的時候，真的完全不會想到自己竟然正在吃低卡餐呢！

1. **高湯和變化**：米歇爾·蓋哈分享了他對對健康料理的「核心概念」。這些成為他變化多端食譜和

醬汁的骨幹，成為某道料理不可或缺的素材，或
是為搭配料理的醬汁增色。製作油醋時，他甚至
利用高湯取代油，或是將油的用量減到最少。我
一回到家，立刻就採用他的油醋食譜。

2. **香料油**：在他的油醋食譜中，油的用量只需要平
常的四分之一。米歇爾·蓋哈特別感謝他的朋友
和同行米歇爾·特拉瑪（Michel Trama），提供
他製作香料油過程中的技術建議。

3. **油醋**：結合高湯和香料油，創造出絕佳的美味效
果。我依照蓋哈的建議，不需要自己煮高湯，而
使用在雜貨店買到的低鹽高湯塊。

4. **經典醬汁與調味佐料**：長久以來，這些是法國料
理的正字標記，蓋哈重新詮釋，創造出令人絕倒
的美味。

5. **增稠劑**：過去，典型的增稠劑基底是奶油和麵
粉、經典的油糊或是蛋黃和鮮奶油──全部都非
常美味又高熱量。米歇爾·蓋哈發現，使用蔬菜
和水果糊也能夠完美地為料理增稠。

6. **冷淋醬**：這是以蔬菜或水果製成的乳化醬汁，原
理與增稠劑相同，也就是細緻的蔬果泥。冷淋醬
可以做為調味佐料，就像美乃滋，能夠讓簡單的
冷肉或魚肉滋味更豐富。

（我在接下來的甜點食譜加入了淋醬作法，如此
你就更清楚如何為各式各樣的料理製作低熱量淋
醬。）

我的範例

午餐

前菜：半熟水煮蛋佐蔬菜青醬

主菜：漢堡

甜點：Paris-Brest au café 榛果甜點

總熱量：540

晚餐

前菜：春季鮮蔬北非小米沙拉

主菜：干貝舒芙蕾佐干貝膏醬汁

甜點：花園馬鞭草奶酪

總熱量：470

在我們的訪談中，米歇爾・蓋哈列舉幾個重要細節，製作瘦身料理時務必遵循，才能達到效果。他強調精準分量的重要性，並以自身為例，他在職業生涯初期擔任甜點主廚時，學到關於精準度的寶貴一課。「製作甜點和做料理不同，絕對不能差不多就好。」他說。

他將精準的戒律用在創作瘦身食譜中，並提醒所有想要加入行列的人，務必嚴格遵守食譜內容。他用來取代油脂、鹽和糖的元素，甚至比本尊更能滿足口腹之慾。

增稠劑取代油脂；部分高湯補足鹽分（高湯塊是脫水版本的高湯，如果沒有時間自製高湯，或是在雜貨店找不到現成高湯，可以高湯塊代替），醃漬汁加入許多挑逗味蕾的香草植物和辛香料。他最喜愛的精製糖替代品是木糖醇，主要存在於白樺樹皮中。（數年前我家最喜歡的健康食品店老闆讓我們認識了木糖醇，我非常喜愛。）

優質油脂用量要謹慎。由於熱量極高（一小匙油有 90 大卡），米歇爾·蓋哈再次完美挑戰成功。

奶油，讓我們實話實說吧，雖然是人間美味，脂肪含量卻高達 80%。即便如此，某些食譜少了奶油，就會失去其無法取代的風味。基於這個理由，米歇爾說：「別管替代品了」，因為所有替代品都無法重現美味的奶油柔滑風味。製作醬汁時，他甚至還會多加 10% 的奶油，而且對成果非常滿意。

他在食譜中使用低脂牛奶，絕對不用脫脂牛奶，因為脂肪是風味的來源。有些食譜包含無糖低脂煉乳，因為煉乳最適合某些甜點和某些鹹味料理，是油或奶油等油脂類的理想替代品。（我試過，效果絕佳。）

整體而言，他最喜歡的家常料理手法，包括用紙或鋁箔紙包起（en papillote）白煮、清蒸、燉煮及燜，完成品的風味豐富，全部封在食物裡。

談夠了瘦身料理的思想精髓，現在讓我們動手實際做

幾道他的食譜吧！我全部都試做過了。以下的食譜中，我只選擇難度一顆星的料理，不過有些食譜可能是兩顆星到三顆星的挑戰難度。

幾道我最喜愛的 *CUISINE MINCEUR* 食譜

這些食譜簡單易做，而且保證美味。我選了湯做為前菜，兩道主菜，當然，還有一道甜點。接著還有額外的大特惠——米歇爾‧蓋哈的無敵美味 *confiture*（果醬）食譜。

秋季牛肝蕈與蘑菇湯

4 人份；每份 75 大卡
製作時間：45 分鐘

材料
橄欖油 1 小匙
洋蔥 2 盎司，切細絲或切碎（我使用黃洋蔥）
韭蔥 1¾ 盎司，只使用白色部分，縱剖對半後切成½吋薄片
新鮮牛肝蕈 6½ 盎司，擦拭乾淨後隨意切碎；或使用牛肝蕈乾 3½ 盎司，泡水 20 分鐘，擠乾水分後切碎，保留浸泡的水；或使用 6½ 盎司冷凍牛肝蕈
蘑菇 4½ 盎司，擦拭乾淨後切四等分
鹽、胡椒適量
雞高湯 1½ 杯，自製或高湯塊皆可
牛肝蕈或任選喜愛的蕈菇 4 薄片，略煎烤，裝飾用

切碎的新鮮香草少許，可使用山蘿蔔、扁葉巴西里或細香蔥，裝飾用
（可省略）

作法

1. 橄欖油倒入湯鍋，小火加熱。加入洋蔥和韭蔥炒至出水收乾，加蓋
   燜 2 分鐘，或翻炒至變軟但不上色。加入牛肝蕈和蘑菇。拌炒約 3 分
   鐘，或直到食材開始上色。加入鹽、胡椒稍微調味，因為收汁後會再
   度調味。

2. 倒入雞高湯，加熱至沸騰後轉小火，加蓋，小火慢煮 30 分鐘。

3. 湯鍋離火靜置，冷卻後倒入食物調理機打碎至滑順的泥狀。同時間，
   在湯鍋中倒入牛奶加熱至微沸。在大碗中混合蘑菇泥和牛奶，攪拌均
   勻。如果看得到韭蔥纖維，可將濃湯過篩，使整體質地更絲滑。試試
   味道，調味。如果湯不夠熱，可倒入湯鍋中小火加熱，但不可沸騰。

4. 倒入溫熱過的大湯碗，或一人份的有蓋湯碗，放上裝飾用配料。

主廚祕訣：若使用牛肝蕈乾，浸泡的水可用來取代等分量的高湯。

鮭魚堡

3 人份；每份 200 大卡
製作時間：20 分鐘

材料
鮭魚排 6 ½ 盎司
去殼小螯蝦（或大蝦）3 ½ 盎司
去殼蝦 3 ½ 盎司
蛋白½個（約½盎司）
無糖脫脂優格 1 ¼ 盎司
青檸皮刨細絲 1 ½ 小匙
隨意磨碎的青胡椒 1 ½ 小匙

鮭魚卵 1 盎司

橄欖油 1 小匙

鹽、胡椒依個人喜好

檸檬角 3 個，裝飾用（可省略）

水田芥或小沙拉葉 3 片，裝飾用（可省略）

作法

1. 鮭魚、小螯蝦和蝦子切¼吋見方小丁。

2. 取一大盆，打發蛋白至濕性發泡，接著加入優格、青檸皮細絲和青胡
   椒攪打。加入海鮮丁，用叉子混合。加入鮭魚卵，輕輕拌勻食材。試
   味道，依喜好調味後稍微攪拌。

3. 烤盤鋪烘焙紙，放上三個直徑 3 ½ 至 4 吋的圈模。用湯匙舀食材填入
   圈模至與模型齊高。烤盤放入冰箱冷藏一小時，讓漢堡混料稍微定
   型。

4. 準備烹煮漢堡時才從冰箱取出。橄欖油倒入不沾煎鍋加熱。小心移除
   圈模，然後用抹刀將漢堡抬起放進，輕輕滑入煎鍋，如有需要，可用
   刀子將漢堡剔下抹刀。漢堡兩面各煎 2 分鐘，用抹刀小心翻面。

檸檬香草填雞胸

4 人份；每份 240 大卡

製作時間：50 分鐘（每一分鐘都值得！）

材料

fromage blanc（新鮮奶酪）或脫脂希臘優格 2 大匙

細香蔥切碎，1 小匙

扁葉巴西里切碎，1 小匙

鹽漬檸檬 1 小匙，切成¼吋見方小丁

鹽、胡椒適量

雞胸肉兩片，去皮

蔬菜白醬（食譜見下頁）1 ¼ 到 1 ⅔ 杯

荷蘭豆 4 ½ 盎司

朝鮮薊芯 2 個，新鮮、罐頭或冷凍（需解凍）皆可

大蒜一瓣，不去皮

橄欖油 1 小匙

新鮮寬扁麵（tagliatelle）或緞帶麵（fettucine）7 盎司

龍艾蒿數枝，裝飾用

作法

1. 製作填料：混合 *fromage blanc*、細香蔥、巴西里和鹽漬檸檬。依喜好以鹽、胡椒調味。

2. 雞胸肉填料：剪兩片保鮮膜，尺寸可充分包裹住雞胸。用小刀沿著每片雞胸的紋理，縱向剖開但不切斷。雞胸肉裡外皆調味。填料分成兩等分，填入雞胸切口後蓋起。用保鮮膜緊緊捲起雞胸肉，冷藏靜置。

3. 準備一鍋水煮沸，上面放蒸架（放雞胸肉）；另煮一鍋水，加鹽（煮麵）。加熱蔬菜白醬，保溫，隔水加熱更佳。

4. 準備與烹煮蔬菜：荷蘭豆交錯斜切成鑽石形。朝鮮薊芯瀝乾，切丁。湯鍋中放橄欖油，加入朝鮮薊丁和蒜瓣，小火翻炒約 2 分鐘。加入荷蘭豆，蓋上鍋蓋燜至收乾約 10 分鐘，期間不時搖動鍋子或翻拌，避免沾鍋。

5. 拌炒蔬菜的同時，蒸煮包起的雞胸肉約 6 分鐘。以抹刀取出雞胸，靜置冷卻片刻，同時將新鮮義大利麵放入水中煮至彈牙（al dente），瀝乾水分。

6. 取出蔬菜中的蒜瓣，棄置。取下雞胸肉的保鮮膜，每塊雞胸切約四到六片。

7. 準備四個溫熱的餐盤。麵條在盤中做成巢狀，旁邊漂亮地擺上填料雞胸肉。放上配料蔬菜，在巢中倒入蔬菜白醬。（裝盤前可依喜好在白醬中加入切碎的綜合香草。）以龍艾蒿裝飾，立即食用。

蔬菜白醬

20 份；每份¼盎司，19 大卡
這款白醬的基底是用途多變化的白色蔬菜增稠劑。

材料

橄欖油 1 小匙

韭蔥 7 盎司，切碎

蘑菇 7 盎司，擦拭乾淨，切碎

馬鈴薯 5 ½盎司，去皮切碎

洋蔥 3 ½盎司，切碎（我使用黃洋蔥）

芹菜根 3 ½盎司，切碎

花椰菜 2 盎司，修剪後切碎

大蒜¼盎司，切碎

雞湯 2 ⅛杯

鹽、胡椒適量

肉豆蔻一小撮（可省略）

低脂牛奶（2% milk）¾杯

高湯¼杯（蔬菜或雞高湯）

作法

1. 橄欖油倒入大湯鍋，中火加熱。放入蔬菜，加蓋。小火燜 2 分鐘至收乾但不上色。加入大蒜和雞高湯。調味，蓋上鍋蓋，小火微沸 20 分鐘，或是直到風味混合。

2. 醬汁倒入食物調理機，攪打至細緻滑順的泥狀。嘗味道，試需要調味。可加入肉豆蔻。

3. 取 3 ½盎司的醬汁與牛奶和高湯混合，用細網過篩醬汁。

4. 食用前加熱並視需要調味。

花園清爽檸檬雪酪

4 人份；每份依甜度，熱量為 70 到 310 大卡
製作時間：40 分鐘

材料
有機檸檬 4 顆
水 2 ⅛ 杯＋ 3 大匙
甜味劑 6 大尖匙＋ 1 小撮
新鮮覆盆子 7 盎司，準備分量外裝飾用
新鮮馬鞭草、薄荷和迷迭香 4 小把

作法
1. 製作雪酪的糖漿：三顆檸檬皮刨細絲放入湯鍋。加入 2 ⅛ 杯水和 6 尖大匙甜味劑，然後煮至沸騰。沸騰後，鍋子離火。
2. 4 顆檸檬剖半榨汁，將檸檬汁拌入溫熱的糖漿。
3. 糖漿倒入冰淇淋機，攪拌至呈柔軟質地。或者也可將糖漿倒入淺烤盤，每半小時取出用叉子攪拌。待數小時後，雪酪呈柔軟可挖取的質地即完成。
4. 覆盆子和 3 大匙水放入食物調理機的碗中，攪打至泥狀。試味道，視需要加入一小撮甜味劑。製作滑順的淋醬：用細網過篩果泥，丟棄籽。淋醬倒入密封容器，放入冰箱冷藏至食用時。
5. 準備四個冰涼的淺甜點碗或玻璃盤。從冷凍庫取出雪酪，用兩支甜點匙滾動做成長橢圓形。每個碗放入一球雪酪，淋上少許覆盆子淋醬。放上幾顆新鮮覆盆子，並以新鮮馬鞭草、薄荷和迷迭香裝飾。立即享用。

* 製作雪酪的甜味劑選擇，每一份完成後的熱量為：阿斯巴甜 70 大卡；果糖 175 大卡；木糖醇 210 大卡；蜂蜜 250 大卡；糖 310 大卡（米歇爾·蓋哈使用果糖，我用的是木糖醇。）

注意：米歇爾‧蓋哈端出瘦身料理的甜點時總是搭配茶匙，絕對不會使用甜點匙。因為他說小茶匙會強迫我們放慢食用速度，細細品嘗甜味。然後，至少在我的經驗裡，來一杯特製花草茶能為精緻的一餐畫龍點睛。

FRAMBOISE CONFITURE（覆盆子果醬）

這是米歇爾‧蓋哈的女兒艾蓮諾送給我的特別食譜，因此我沒有計算熱量。就當作我們都同意這款果醬非常適合加入瘦身料理吧。我敢保證，這款果醬的美味超凡入聖，對於初次製作果醬的我而言，也非常簡單好上手。

材料
新鮮或冷凍覆盆子 2.2 磅（1 公斤）
木糖醇⅔杯
蘋果酸 1 ½ 大匙
有機檸檬 2 顆，榨汁

作法
1. 覆盆子放入湯鍋，煮至沸騰。（不時攪拌，密切注意——這是我的經驗談。）
2. 混合木糖醇和蘋果酸。
3. 將步驟 2 的混合液倒入覆盆子中，低溫續煮約 20 分鐘。
4. 鍋子離火，加入檸檬汁。
5. 靜置冷卻。果泥冷卻後會逐漸轉為膠狀。
6. 放入冰箱冷藏保存。

注意：艾蓮諾沒有告訴我這款果醬可以冷藏保存多久。我只知道果醬在我們家消失的速度極快。搭配香草冰淇淋美味無比。

國家圖書館出版品預行編目資料

Living Forever Chic法國女人永恆的魅力法則 /
蒂許.潔德(Tish Jett)著；韓書妍譯. -- 初版. -- 臺
北市：積木文化出版：家庭傳媒城邦分公司發行,
2020.04- 冊；公分
譯自：Living forever chic : Frenchwomen's
timeless secrets for everyday elegance, gracious
entertaining, and enduring allure

ISBN 978-986-459-203-6(第2冊：平裝)
1.美容 2.生活指導
425   108014339

Living Forever Chic 法國女人永恆的魅力法則

保養、穿搭、料理、待客、布置，教你如何日日優雅，風格獨
具，從容自在的法式生活藝術

原文書名	Living Forever Chic: Frenchwomen's Timeless Secrets for Everyday Elegance, Gracious Entertaining, and Enduring Allure
作　　者	蒂許‧潔德（Tish Jett）
譯　　者	韓書妍
總 編 輯	王秀婷
責任編輯	李　華
版　　權	張成慧
行銷業務	黃明雪
發 行 人	凃玉雲
出　　版	積木文化
	104台北市民生東路二段141號5樓
	電話：(02) 2500-7696｜傳真：(02) 2500-1953
	官方部落格：www.cubepress.com.tw
	讀者服務信箱：service_cube@hmg.com.tw
發　　行	英屬蓋曼群島商家庭傳媒股份有限公司城邦分公司
	台北市民生東路二段141號2樓
	讀者服務專線：(02)25007718-9｜24小時傳真專線：(02)25001990-1
	服務時間：週一至週五09:30-12:00、13:30-17:00
	郵撥：19863813｜戶名：書虫股份有限公司
	網站：城邦讀書花園｜網址：www.cite.com.tw
香港發行所	城邦（香港）出版集團有限公司
	香港灣仔駱克道193號東超商業中心1樓
	電話：+852-25086231｜傳真：+852-25789337
	電子信箱：hkcite@biznetvigator.com
馬新發行所	城邦（馬新）出版集團 Cite（M）Sdn Bhd
	41, Jalan Radin Anum, Bandar Baru Sri Petaling, 57000 Kuala Lumpur, Malaysia.
	電話：(603) 90578822｜傳真：(603) 90576622
	電子信箱：cite@cite.com.my

Originally published in English under the title *Living Forever Chic* in 2018
Published by agreement with **Rizzoli International Publications, New York**
through The Yao Enterprises, LLC.
Cover illustration © Sujean Rim
Grateful acknowledgment is made to Michel Guérard for permission to reprint the recipes on pages 246–252.

製版印刷　上晴彩色印刷製版有限公司
內頁排版　陳佩君

2020年 4月16日　初版一刷
售　價／NT$ 450
ISBN　978-986-459-203-6
Printed in Taiwan.　有著作權‧侵害必究

城邦讀書花園
www.cite.com.tw

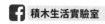